essentials

Essentials liefern aktuelles Wissen in konzentrierter Form. Die Essenz dessen, worauf es als „State-of-the-Art" in der gegenwärtigen Fachdiskussion oder in der Praxis ankommt, komplett mit Zusammenfassung und aktuellen Literaturhinweisen. Essentials informieren schnell, unkompliziert und verständlich

- als Einführung in ein aktuelles Thema aus Ihrem Fachgebiet
- als Einstieg in ein für Sie noch unbekanntes Themenfeld
- als Einblick, um zum Thema mitreden zu können.

Die Bücher in elektronischer und gedruckter Form bringen das Expertenwissen von Springer-Fachautoren kompakt zur Darstellung. Sie sind besonders für die Nutzung als eBook auf Tablet-PCs, eBook-Readern und Smartphones geeignet.

Essentials: Wissensbausteine aus Wirtschaft und Gesellschaft, Medizin, Psychologie und Gesundheitsberufen, Technik und Naturwissenschaften. Von renommierten Autoren der Verlagsmarken Springer Gabler, Springer VS, Springer Medizin, Springer Spektrum, Springer Vieweg und Springer Psychologie.

Stefan Hollenberg

Fragebögen

Fundierte Konstruktion, sachgerechte
Anwendung und aussagekräftige
Auswertung

 Springer VS

Prof. Dr. Dipl.-Psych. Stefan Hollenberg
Fachhochschule für öffentliche
Verwaltung NRW Abteilung Köln
Köln
Deutschland

ISSN 2197-6708   ISSN 2197-6716 (electronic)
essentials
ISBN 978-3-658-12966-8   ISBN 978-3-658-12967-5 (eBook)
DOI 10.1007/978-3-658-12967-5

Die Deutsche Nationalbibliothek verzeichnet diese Publikation in der Deutschen Nationalbiblio-
grafie; detaillierte bibliografische Daten sind im Internet über http://dnb.d-nb.de abrufbar.

Springer VS

Gedruckt auf säurefreiem und chlorfrei gebleichtem Papier

Springer Fachmedien Wiesbaden ist Teil der Fachverlagsgruppe Springer Science+Business Media
(www.springer.com)

Was Sie in diesem Essential finden können

- Handwerkszeug zur Konstruktion aussagekräftiger Fragebögen, theoretisch fundiert und empirisch bewährt mit wichtigen Empfehlungen aus über 40 zentralen Werken der empirischen Sozialforschung,
- Hinweise zur Durchführung einer schriftlichen Befragung,
- für viele Fragenbögen geeignete statistische Auswertungsmethoden, um erhobene Daten objektiv interpretieren zu können.

Einleitende Erläuterung der Begrifflichkeiten

Fragebögen werden in unterschiedlichen Bereichen mit verschiedenen Zielen eingesetzt. Einige Empfehlungen sind allerdings unabhängig vom Einsatzzweck des einzelnen Fragebogens beachtenswert.

Wird in diesem Essential von der „befragten Person" gesprochen, ist damit eine Person aus der Zielgruppe der Befragung gemeint. Der Begriff „Zielgruppe" wird dabei gleichbedeutend mit Gesamt- oder Zielpopulation verwendet.

Die „befragende Person" kann auch stellvertretend für die Gruppe sein, die den Fragebogen entwickelt hat und einsetzt.

Inhaltsverzeichnis

Psychologische Grundlagen schriftlicher Befragungen

1

Schon ein einfacher Fragebogen erfordert zu seiner Beantwortung einen komplexen kognitions- und kommunikationspsychologischen Prozess (s. [38, S. 19 ff.; 46, S. 35 ff.; 18, S. 204 f.]).

Zunächst benötigt die befragte Person eine ausreichende Motivation, sich mit den Fragen und Antworten des Fragebogens zu beschäftigen. Ist diese Motivation vorhanden, muss die befragte Person in der Lage sein, die gestellten Fragen zu verstehen und themenrelevante Informationen aus dem Gedächtnis abzurufen. Aufgrund dieser Gedächtnisleistungen und Eindrucksbildungen muss die Person nun eine oder mehrere mögliche Antworten entwickeln, diese Antworten dem im Fragebogen vorgegebenen Antwortformat angleichen und sich für eine oder mehrere der ggf. vorgegebenen Antworten entscheiden. Schließlich muss sie diese Entscheidung – insofern sie diese der befragenden Person mitteilen will – im Fragebogen kenntlich machen, etwa durch Ankreuzen von Antwortmöglichkeiten oder durch Eintragen einer Antwort in ein Freitextfeld.

Jeder einzelne dieser Aspekte kann als Fehlerquelle die Ergebnisse der Befragung verzerren und sollte daher bereits bei der Konstruktion des Fragebogens berücksichtigt werden (vgl. [4, S. 231 ff.]).

1.1 Motivation zum Ausfüllen

Zur Erklärung, Vorhersage und Bewertung von Motivation eignet sich das „Erwartungs-mal-Wert-Modell" (vgl. [33, S. 32]). Diesem Ansatz zufolge lässt sich die Motivationsstärke zum Ausfüllen eines Fragebogens danach bemessen, welche Bedeutung die befragte Person dem Ausfüllen und der Verwendung der Befragungsergebnisse zumisst (Wert), welche Kosten bzw. welcher Aufwand für sie durch die Befragung entsteht und ob sie die subjektive Einschätzung hat, dass mit

© Springer Fachmedien Wiesbaden 2016
S. Hollenberg, *Fragebögen*, essentials, DOI 10.1007/978-3-658-12967-5_1

dem Ausfüllen ein bestimmtes Ziel erreicht werden kann (Erwartung). Beide Aspekte müssen ein Mindestmaß an Intensität erreichen, um die Bereitschaft zu einer offenen und ehrlichen Beantwortung zu wecken. Fehlt mindestens einer dieser Faktoren, wird die Person überhaupt nicht an der Befragung teilnehmen oder nicht offen antworten (vgl. [22, S. 305 ff.]).

1.2 Verständnis

Die befragte Person muss nach Porst ([38, S. 20 ff.]) die Syntax jeder Frage (oder Aufgabe) des Fragebogens entschlüsseln und sämtliche Begriffe sowie Inhalte der Fragen verstehen können (Semantik). Sie muss auch den Sinn erfassen, auf den die einzelne Frage abzielt, um die jeweilige Frage in einen größeren Zusammenhang einordnen zu können (Pragmatik). Jede Frage soll (ggf. in Verbindung mit anderen Fragen) so viele Informationen wie für das Verständnis nötig, aber nicht mehr als erforderlich enthalten. Die Fragen sollen so präzise formuliert sein, dass Missverständnisse und interindividuell erheblich unterschiedliche Interpretationen unwahrscheinlich werden. Erschließt sich der Sinn einer Frage nicht von selbst, neigen Menschen dazu, fehlende Informationen zu ergänzen und zu interpretieren, was zu ungewollten und nur schwer aufzudeckenden Verfälschungen der Befragungsergebnisse führen kann (vgl. [35, S. 40 ff.]).

1.3 Gedächtnis

Gängigen Mehrspeichermodellen zufolge kann ein Langzeit- von einem Arbeitsgedächtnis unterschieden werden (s. [23, S. 115 ff.]). Hat die befragte Person eine Frage verstanden, ruft sie Informationen aus dem Langzeitgedächtnis ab, die zur Beantwortung der Frage relevant sein könnten ([38, S. 25 ff.]; vgl. [35, S. 52]). Sowohl die begrenzte Kapazität des Arbeitsgedächtnisses, in dem die Verarbeitung erfolgt, als auch Schwierigkeiten beim Abruf der Informationen können an dieser Stelle die Antworten verzerren (vgl. [38, S. 25]).

1.4 Urteilsbildung, Entscheidung und Mitteilung

Auf der Grundlage der Informationen, die dem Arbeits- vom Langzeitgedächtnis zur Verfügung gestellt werden, urteilt die befragte Person ([38, S. 29; 35, S. 43 ff.]) über Motive (bei Motivfragen), über einen Sachverhalt (bei Meinungs- oder

Einstellungsfragen) oder erinnert vergangenes bzw. mutmaßliches Verhalten (bei Verhaltensfragen, real bzw. hypothetisch; [35, S. 29]), insofern nicht nur Wissens- bzw. Faktfragen verwendet werden (vgl. [37, S. 87; 50, S. 714]). Bei vorgegebenen Antworten gleicht sie dieses Urteil mit den möglichen Antwortalternativen ab, bei Freitextantworten versucht sie, dieses Urteil in Worte zu fassen und dem gesetzten Rahmen anzupassen (vgl. [38, S. 29; 18, S. 222]). Die befragte Person entscheidet sich für eine Antwort, unter Umständen unter erneuter motivationaler Abwägung, ob sie die in der Antwort enthaltenen Informationen der befragenden Person mitteilen will (vgl. [4, S. 231 ff.]), und teilt diese Entscheidung durch Ankreuzen einer oder mehrerer Antwortalternativen mit bzw. trägt die selbst formulierte Antwort in den Fragebogen ein ([38, S. 29 ff.]).

Motivationsbildung → Verständnis → Gedächtnisabruf → Urteilsbildung → Abwägung → Entscheidung → Mitteilung
Folgende Leitfragen sollten im Verlauf der Befragung mit „Ja" beantwortet werden können:

- Messen die befragten Personen dem Fragebogen aufgrund der Thematik und seiner Gestaltung einen Wert zu?
- Verbinden die befragten Personen neutrale oder positive Konsequenzen mit der Beantwortung des Fragebogens?
- Ist der Aufwand für die befragten Personen akzeptabel?
- Ist der Fragebogen insgesamt und jede einzelne Frage darin für die befragten Personen verständlich aufgebaut?
- Werden im Fragebogen Themenbereiche aus der konkreten Erfahrungs- welt der befragten Personen?
- Können die befragten Personen die Fragestellungen aller relevanten The- menbereiche kompetent beantworten?
- Ist es leicht für die befragten Personen, eindeutige Antworten auszuwäh- len bzw. zu entwickeln?
- Regen die Fragen eine offene und unverfälschte Beantwortung an?
- Ermöglicht es der Fragebogen, Entscheidungen adäquat mitzuteilen?

Grundsätzliche Gestaltungsaspekte von Fragebögen

2

Ein Fragebogen unterscheidet sich aufgrund der in Kapitel 1 genannten Aspekte von einem rasch zusammengestellten „Bogen mit Fragen" (vgl. [38, S. 16; 24]) durch systematische, regelgeleitete Vorbereitung, Planung, Durchführung, Auswertung und Interpretation der Ergebnisse (s. [26, S. 19 ff.]). Fragebogenstudien soll in allen Phasen von der Entwicklung der Fragestellung bis zur Interpretation der erhobenen Daten den Kriterien der Wissenschaftlichkeit genügen (vgl. [30, S. 425 ff.; 45, S. 141 ff.]).

2.1 Entwicklung der Fragestellung

In der Regel soll mit einem Fragebogen etwas gemessen und meist sollen aus den Ergebnissen auch Schlussfolgerungen gezogen werden (vgl. [16, S. 65 ff.; 31, S. 237 ff., 366 f.]). Einer der wichtigsten Schritte überhaupt ist die Entwicklung der Fragestellung und der damit zusammenhängenden Ziele der Befragung (vgl. [45, S. 119 ff.; 47, S. 135 ff.]).

2.1.1 Ziele, Zielgruppe und Konsequenzen

Vor der Fragebogenkonstruktion muss geklärt werden, welchem Zweck die Befragung dienen soll, für welche Zielgruppe eine Aussage getroffen werden soll und welche Erwartungen an die Ergebnisse gestellt werden (vgl. [47, S. 135 ff.]). Je erheblicher die Konsequenzen sind, die aus unterschiedlichen Ergebnissen resultieren können, desto sorgfältiger und präziser muss der Fragebogen entwickelt werden (vgl. [18, S. 55 ff.]).

© Springer Fachmedien Wiesbaden 2016
S. Hollenberg, *Fragebögen*, essentials, DOI 10.1007/978-3-658-12967-5_2

Die mit der Befragung zu erreichenden Ziele sollen konkret, detailliert und schriftlich festgehalten werden (vgl. [40, S. 36 f.]). Der Zeitrahmen des Gesamtprojekts, der Inhalt und der Ablauf der Befragung soll (zumindest grob) schon vor der ersten Frageformulierung festgelegt werden.

2.1.2 Inhalte

Die Inhalte der Befragung ergeben sich aus den Zielen und der Fragestellung. Zu sehr vielen Themenbereichen gibt es bereits bewährte Fragebogenformate, die sich als Quelle für die eigene Befragung eignen (vgl. [26]). Fällt die befragende Person selbst nicht in den Kreis der vom Thema des Fragebogens Betroffenen, kann eine Expertenbefragung sinnvoll sein, um Umfang und Grenzen der inhaltlichen Gestaltung des Fragebogens festzulegen (zur Technik von Experteninterviews s. [3]).

2.2 Gütekriterien

In einer guten Befragung werden genau die Konstrukte, für die der Fragebogen konstruiert wurde erfasst. In diesem Fall erfüllt der Fragebogen das Gütekriterium der Validität (s. [45, S. 146 ff.; 35, S. 102 ff.; 18, S. 109 ff.; 24, S. 116 ff., 20, S. 143 ff.]). Die Messung erfolgt mit hinreichender Genauigkeit, so dass eine Wiederholung unter ansonsten gleichen Bedingungen zu nahezu denselben Ergebnissen kommt (Reliabilität, vgl. [45, S. 143 ff.; 30, S. 425 ff.; 35, S. 100 ff.; 24, S. 114 ff., 44, S. 119 ff.]). Die Beantwortung erfolgt weitgehend unabhängig von der befragenden Person. Die Auswertung ist logisch konsistent sowie intersubjektiv nachvollziehbar (Objektivität, vgl. [18, S. 104; 30, S. 426 f.]). Die Ergebnisse sind auf die Zielgruppe generalisierbar, über die eine Aussage getroffen werden soll (Repräsentativität, s. [1, S. 66; 21]). Außerdem soll ein Fragebogen nach Kallus [24, S. 121] für den Einsatzzweck geeignet (Utilität), möglichst kosteneffizient (Ökonomie) und den befragten Personen zuzumuten sein (vgl. [34, S. 7 ff.]).

Gütekriterien schriftlicher Befragungen
Validität | Reliabilität | Objektivität | Repräsentativität | Utilität | Ökonomie | Zumutbarkeit
    Zur Erfüllung der Gütekriterien sollen folgende Fragen mit „Ja" beantwortet werden können:

- Ist der Fragebogen so konstruiert, dass er wirklich das erfasst, was er zu messen vorgibt?
- Misst der Fragebogen so genau, dass bei einer Wiederholung unter ansonsten gleichen Bedingungen gleiche oder zumindest ähnliche Ergebnisse resultieren?
- Beantworten die befragten Personen den Fragebogen weitgehend unabhängig von der Person, welche die Befragung durchführt?
- Lassen sich die mit dem Fragebogen ermittelten Ergebnisse auf die Zielgruppe, über die eine Aussage getroffen werden soll, generalisieren?
- Entsteht irgendeine Form von Nutzen durch die Befragung, insbesondere für die Zielgruppe?
- Ist der Fragebogen so lang wie nötig, sodass alle relevanten Aspekte erfasst werden und so kurz wie möglich, sodass er die befragte Person so wenig wie möglich beansprucht?
- Ist der Fragebogen allen befragten Personen zumutbar?

2.3 Begleitschreiben

Bei postalischen oder E-Mail-Befragungen soll dem eigentlichen Fragebogen ein Begleitschreiben auf einem „offiziellen" Briefbogen der verantwortlichen Institution beiliegen, in dem Ziele und Nutzen der Befragung erläutert werden (s. [45, S. 355; 38, S. 37]). Das Anschreiben soll persönlich an die befragte Person gerichtet sein. Die befragte Person soll durch das Anschreiben eine Vorstellung davon bekommen, was das Thema der Befragung ist sowie warum ihre Teilnahme sinnvoll und notwendig ist (vgl. [27, S. 683 f.]). Es soll benannt werden, inwieweit die Daten anonym und vertraulich sowie gemäß den einschlägigen Datenschutzrichtlinien und -gesetzen erhoben und verarbeitet werden (vgl. [35, S. 87; 35, S. 184 f.; 13, S. 86]). Auch hier ist auf die Dosierung zu achten: zu intensive Betonung der Anonymität kann sich negativ auf die Bereitschaft zur offenen Fragebogenbeantwortung auswirken, da dies Ängste auslösen kann (vgl. [38, S. 36]).

▶   In Fragebögen werden oft personenbezogene Daten verarbeitet. Insofern können das Bundesdatenschutzgesetz und/oder die einschlägigen Ländergesetze sowie eventuell sogar europarechtliche Regelungen relevant sein!

Wurde ein Auswahlverfahren verwendet, durch das die Zielperson ermittelt wurde, soll auch dies im Schreiben erläutert werden. Ein Dank für die Teilnahme erhöht nach Porst [38, S. 36] die Akzeptanz des Bogens, eine handschriftliche Unterschrift wirkt persönlicher als eine automatisierte oder gänzlich fehlende Unterschrift (s. [43, S. 651]).

2.4 Identifikations-/Codenummer

Um den Rücklauf zu kontrollieren, wird gelegentlich eine Identifikationsnummer (ID) vergeben, die auf dem Anschreiben bzw. dem Fragebogen aufgedruckt wird. Aus Sicht einiger befragter Personen reduziert eine solche Nummer allerdings die Anonymität der Befragung bzw. hebt diese sogar auf. Auch der Begriff „Fall-nummer" (vgl. [38, S. 166]) hat bei vielen befragten Personen keinen positiven Klang. Insofern soll diese Begriffe auf den Bögen nicht auftauchen – „Code-Nr." oder einfach „Fragebogen Nr." bietet sich hier eher an. Die mit der Vergabe einer Code-Nr. verfolgten Ziele sowie das Prozedere der Vergabe und Auswertung der hierdurch erlangten Informationen soll im Anschreiben verdeutlicht werden, um etwaige Ängste zu reduzieren.

2.5 Layout

Das Design soll über den gesamten Fragebogen hinweg möglichst einheitlich und themenangemessen sein (vgl. [38, S. 169 ff.]). Schon beim ersten Blick auf den Fragebogen entwickelt die befragte Person eine vorläufige Meinung zur Befragung (vgl. [46, S. 122 ff.; 45, S. 354 f.; 27, S. 680 f.]). Viel Wert soll daher auch auf eine ansprechende optische Gestaltung gelegt werden. Folgen können eine Motivationssteigerung bei der befragten Person und eine Verringerung der Fehlerrate sein (vgl. [43, S. 653]). Die Schriftgröße soll für die Zielgruppe ausreichend sein (bei DINA4: mindestens 11pt, vgl. [43, S. 653]).

Die Gliederung des Bogens soll gemäß Porst [38, S. 139] klar und übersichtlich sein. Die befragte Person soll schon auf der ersten Seite den Eindruck bekommen, dass die Befragung „wertvoll" und in akzeptabler Zeit zu bewältigen ist, d. h. der Umfang insgesamt und die Anzahl der Fragen müssen auf die befragte Person gegenstandsangemessen wirken. Studien zufolge wird bei den meisten Themen eine Länge von maximal 11–12 DINA4-Seiten empfohlen (vgl. [26, S. 18; 43, S. 651]). Zu kurze Fragebögen lassen die Thematik unbedeutend erscheinen, zu lange Fragebögen werden zu einer Zumutung für die befragte Person und leiden gemäß Petersen [37, S. 73] im Hinblick auf die Validität der Fragenbeantwortung.

2.6 Titelblatt

Die Gestaltung der ersten Seite des Fragebogens entscheidet mit darüber, ob die befragte Person an der Befragung offen und ehrlich bzw. überhaupt teilnimmt (vgl. [27, S. 681 f.]). Der auf der ersten Seite ins Auge springende Titel der Befragung soll knapp, verständlich und allgemein gehalten werden. Ein Logo und/oder ein motivierendes Bild mit Themenbezug kann hier abgedruckt werden (vgl. [38, S. 32 ff.]). Sinnvoll ist eine allgemeine Einführung in die Themenbereiche des Fragebogens, insofern diese Informationen keinen Einfluss auf das Antwortverhalten der Personen haben können. Befragte Personen tendieren dazu, die zum Bearbeiten notwendige Zeit zu unterschätzen (vgl. [18, S. 245]). Der tatsächlich notwendige Zeitbedarf zur Bearbeitung soll daher anhand von „Probeläufen" abgeschätzt und als Orientierung in der Einleitung angegeben werden (Abschn. 4.1). Als motivierender Faktor bietet es sich an, sich wie im Anschreiben bereits vor der ersten Frage bei der befragten Person für die Teilnahme und die offene Beantwortung zu bedanken (vgl. [38, S. 36]).

2.7 Hinweise zum Ausfüllen

Hinweise zum Ausfüllen sind nach Porst [38, S. 52] unverzichtbar. Der befragten Person soll in der Regel bei jeder Frage-und-Antwort-Kombination (fachsprachlich „Item") oder vorgeschaltet zu Beginn des Fragebogens kurz die Art und Form der jeweiligen Beantwortung mitgeteilt werden. Es sollen Hinweise auftauchen, ob Einfach- oder Mehrfachnennungen bei den Ankreuzfragen möglich sind (s. [37, S. 128]) und wie nummerische oder offene Freitextantworten aussehen können. In den Hinweisen verwendete Symbole und Zeichen müssen in identischer Form und Ausgestaltung auch im Fragenteil verwendet werden (vgl. [38, S. 54]). Soll die befragte Person Objekte in eine Rangreihenfolge bringen, soll dies in standardisierter Form vorgegeben werden. Fragen, die ohne Vorgabe von Antwortkategorien beantwortet werden sollen, halten nach der Frage meist Freitextfelder vor, in welche die befragte Person ihre Antwort eintragen soll.

Auch semantische Differenziale oder Polaritätsprofile (Fragen, bei denen sich die befragte Person entscheiden muss, welcher von zwei gegensätzlichen Aussagen sie eher zustimmt, s. [45, S. 166 ff.; 12, S. 708]) benötigen oft etwas ausführlichere Hinweistexte (vgl. [24, S. 49]). Bei der Konstruktion von semantischen Differenzialen ist zu beachten, dass der jeweilige Gegenpol nicht identisch mit der Negation eines Pols ist, sondern die Negation in der Mitte („weder-noch") liegt.

Hinweise, die im Fragenteil eingefügt werden (z. B. „Mehrfachnennungen sind möglich"), soll durch den Textsatz gekennzeichnet werden, z. B. durch Kursivdruck.

Bei quantitativen Abfragen, bei denen die befragte Person eine Zahl angeben soll, muss besonders darauf geachtet werden, die anzugebende Größe genau zu dimensionieren (d. h., in welcher Einheit die Antwort gegeben werden soll, auf welchen Zeitpunkt sie sich beziehen soll; vgl. [38, S. 119 f.]).

Formulierung und Reihenfolge von Fragebogen-Fragen

3

Bei der Konstruktion des Fragebogens ist es sinnvoll, die relevanten Komponenten des untersuchten Gegenstandsbereichs zu notieren und zu vergleichen, ob alle (und nur diese!) Komponenten durch Items in ausreichendem Umfang und hinreichender Qualität erfasst wurden (Abschn. 2.2; vgl. [38, S. 17; 46, S. 7]). Die relevanten Inhaltsbereiche sollen nach ihrer Bedeutung gewichtet im Fragebogen vertreten sein. Fragen zu demografischen Daten sollen nur insoweit erhoben werden, als sie für die untersuchte Fragestellung eine sinnvolle Gruppenbildung ermöglichen und/ oder sich ein inhaltlicher Zusammenhang zur Fragestellung theoretisch begründen lässt. Jede Frage soll einen Bezug zur untersuchten Thematik aufweisen und einen bestimmbaren Aspekt des zu untersuchenden Konzepts operationalisieren (vgl. [31, S. 173 ff.; 38, S. 17; 45, S. 121 f.; 47, S. 137 f.]). Die Formulierung der Fragen, die Reihenfolge, mit der sie im Fragebogen stehen [27, S. 678], sogar die Farben des Fragebogens haben nachweislich Einflüsse auf das Antwortverhalten der Befragten (s. [38, S. 137 f.]) und sollen daher bewusst eingesetzt werden.

Insofern keine Urheberrechtsverletzung damit verbunden ist, macht es Sinn, Items aus vergleichbaren Studien in den eigenen Fragebogen zu übernehmen. Ein Vorteil dieses Vorgehens ist, dass diese neuen Informationen mit früher erhobenen Daten verglichen werden können (wie z. B. bei Kirchhoff et al. [26]).

▶ Es hat sich bewährt, bei der Fragenkonstruktion zu versuchen, sich in die Sicht der zu Befragenden zu versetzen, um die Fragen auf Verständlichkeit und Nachvollziehbarkeit zu überprüfen (s. [37, S. 75 ff.]). Hilfreich kann es sein, den Fragebogen vor der Anwendung bei der Zielgruppe durch Personen beantworten zu lassen, die nicht an der Konstruktion beteiligt waren (vgl. [49, S. 299 ff.]). Diese Personen haben in der Regel einen „unvoreingenommeneren Blick" und können auf Missverständliches sowie verbliebene Tipp- und Rechtschreibfehler hinweisen.

© Springer Fachmedien Wiesbaden 2016
S. Hollenberg, *Fragebögen*, essentials, DOI 10.1007/978-3-658-12967-5_3

11

3.1 Fragetypen

Grundsätzlich werden geschlossene, halboffene und offene Fragen unterschieden (vgl. [12, S. 703 ff.; 27, S. 678 f.; 39, S. 687 ff.]).

Geschlossene Fragen geben eine begrenzte Anzahl möglicher Antwortkategorien vor und definieren auch die Anzahl der möglichen Ankreuzungen. In der einfachsten Form gibt es nur zwei Kategorien, z. B. Ja/Nein (s. [46, S. 86 ff.]).

Komplexer werden die Auswertung und die Hinweise zum Ausfüllen (Abschn. 2.7), falls mehrere Antworten möglich sein sollen (Mehrfachnennungen; s. [38, S. 53 f.]).

Geschlossene Fragen sind meist einfach statistisch auszuwerten (Kap. 5), beinhalten aber auch die Gefahr, dass wesentliche Informationen unter Umständen fehlen bzw. durch die befragten Personen nicht benannt werden können. Zufallsantworten oder bewusste Falschbeantwortungen sind bei diesem Antwortformat schwer zu erkennen (vgl. „Mustermalen", [24, S. 53]). Bei geschlossenen Fragen tendieren befragte Personen dazu, die zuerst präsentierte Kategorie auszuwählen (sog. Primacy-Effekt, s. [35, S. 94; 38, S. 138]) bzw. die zuletzt präsentierte Antwortmöglichkeit (sog. Recency-Effekt, s. ebd.), falls die erste schon wieder vergessen wurde. Bei Skalen, die in einer Zeile dargestellt werden, wird oft die erste passende Kategorie, also meist die weiter links liegende Kategorie gewählt (s. [24, S. 52]). Nachgewiesen ist auch eine Tendenz, bei Ja/Nein-Antwortformaten im Zweifel eher „Ja" auszuwählen (vgl. Abschn. 3.4; s. [12, S. 706; 35, S. 157]).

Offene Fragen, bei denen keine Antwortkategorien vorgegeben werden, erfordern meist eine höhere kognitive Eigenleistung der befragten Person als geschlossene Fragen (vgl. [37, S. 100 ff.; 38, S. 57; 46, S. 81 ff.; 50, S. 715]). Sie haben den Vorteil, dass die befragte Person in Inhalt und Wortwahl ihrer Antwort freier ist und daher auch Aspekte benannt werden können, an die bei der Konstruktion des Fragebogens noch nicht gedacht wurde (vgl. [50, S. 713 ff.]). Aus diesem Grund hängt die Qualität der Antworten und der Befragungsergebnisse deutlicher als bei geschlossenen Fragen von der Verbalisierungsfähigkeit und -bereitschaft der befragten Personen ab. Mit einem offenen Antwortformat kann vor allem eine Informationsgewinnung über einen Inhaltsbereich erfolgen, dessen „Antworthorizont" noch weitgehend unbekannt ist. Auch wird vermieden, den Befragten in seiner Antwort zu beeinflussen (vgl. [38, S. 56]).

Halboffene Fragen (vgl. [38, S. 57 ff.; 33, S. 93]) sollen die Vorteile geschlossener und offener Frageformen verbinden und deren Nachteile ausgleichen. In der einfachsten Variante wird an ein geschlossenes Antwortformat eine Restkategorie (z. B. „Sonstiges:") in Verbindung mit einem Freitextfeld angefügt. Die Verwendung dieses Typs bietet sich immer dann an, wenn alle möglichen Antworten auf Fragen zwar gut abgeschätzt, aber nicht mit Sicherheit abschließend definiert werden können (vgl. [50, S. 714]).

Die Entscheidung für ein Frageformat soll sorgfältig aus inhaltlichen Erwägungen heraus erfolgen (vgl. [38, S. 59 f.]).

3.2 Frageformulierung

Mit einem Fragebogen sollen existierendes Wissen, Vorannahmen, Hypothesen oder Unwissen durch Informationen überprüft, ergänzt, widerlegt oder erweitert werden (vgl. [38, S. 16 f.; s. 36] zu einer ausführlicheren Diskussion zur Methodologie).

Insofern sollen folgende Fragen für jedes entwickelte Item mit „Ja" beantwortbar sein (vgl. [45, S. 328 f.]):
* Ist die Frage bei jeder befragten Person sinnvoll anzuwenden?
* Wird der angezielte Wissensbereich bei den befragten Personen durch die Frage mit ausreichender Präzision aktiviert?
* Wird der Zeitraum hinreichend deutlich eingeschränkt, für den die befragte Person eine Aussage treffen soll?
* Werden ausreichend viele Informationen bereits durch die Frageformulierung bereitgestellt?
* Werden der befragten Person keine Antworten nahe gelegt oder suggeriert?
* Sind die Frage und die Antwortmöglichkeiten mit ausreichender Präzision formuliert worden?
* Sind die Inhalte der Frage/Antwortkombination frei von Widersprüchen?
* Ist die Frage für die Zielgruppe mit den Auswahlmöglichkeiten erschöpfend zu beantworten?
* Ist die Frage einfach genug, um die Motivation der befragten Person nicht negativ zu beeinflussen?

Fachsprache soll nur da eingesetzt werden, wo sie unbedingt notwendig und von der befragten Zielgruppe garantiert eindeutig verstanden wird. Bei der Frageformulierung sollen allgemein bekannte Worte mit eindeutiger Bedeutung verwendet werden (vgl. [24, S. 55 ff.]). Jede Frage soll auf individuelle Interpretationsmöglichkeiten und zeitgeschichtliche Entwicklungen Rücksicht nehmen, also nach Möglichkeit von allen befragten Personen gleich verstanden werden. Dementsprechend sollen regionaltypische Ausdrücke soweit möglich vermieden werden [33, S. 80; 39, S. 690].

Sollte die Verwendung mehrdeutiger Worte unverzichtbar sein, sollen diese nach Porst [39, S. 697] definiert werden und ungewöhnliche Abkürzungen erläutert werden. Es soll der befragten Person auch klar sein, welchen zeitlichen Bezug die jeweilige Frage hat [39, S. 689 ff.]. In der Regel bietet es sich daher an, einen konkreten Zeitrahmen zu benennen, auf den sich die jeweilige Frage beziehen soll. Dabei ist zu berücksichtigen, dass Menschen nur einen Teil ihrer spezifischen Erfahrungen aktiv erinnern können, der Zeitrahmen soll daher überschaubar sein.

Die Inhalte sollen so komplex wie absolut nötig, gleichzeitig so leicht wie möglich formuliert werden (vgl. [39, S. 691 f.]). Nebensätze und verschachtelte Informationen erhöhen die Wahrscheinlichkeit, dass verschiedene befragte Personen die Frage unterschiedlich verstehen (vgl. [24, S. 63]). Doppelte Verneinungen, Suggestionen oder Unterstellungen sind zu vermeiden [39, S. 693 f.].

Antwortkategorien sollen sich auch im Hinblick auf ihre soziale Erwünschtheit möglichst wenig unterscheiden (vgl. [34, S. 59 ff.; 45, S. 348]). Sozial erwünschtes Antwortverhalten liegt laut Mummendey und Grau [35, S. 166] vor, falls Befragte Antworten geben, von denen sie glauben, sie träfen eher auf Zustimmung als die korrekte Antwort, bei der sie soziale Ablehnung befürchten (vgl. [22, S. 306]).

Die Antwortmöglichkeiten sollen nach Schnell et al. [45, S. 336] meist voneinander und vom Kontext unabhängig sein (s. [37, S. 270; 39, S. 696]). Werden Antwortkategorien gebildet, müssen sich diese dazu wechselseitig ausschließen (s. [33, S. 92; 39, S. 695]).

Direkte Fragen eignen sich insbesondere für die Ermittlung von Wünschen und Fakten (s. [37, S. 87]). Einstellungen, Meinungen und Wahrnehmungen lassen sich besser durch Aussagen ermitteln, bei denen die befragte Person den Ausprägungsgrad angeben soll, in dem die Aussage zutrifft [38, S. 77 ff.].

3.3 Skalenpunkte

Entschieden werden muss bei der Konstruktion jedes Items, wie viele Skalenpunkte die Antwortskala haben soll. Eine zu geringe Breite ermöglicht nur geringe Differenzierungsmöglichkeiten, eine zu große Breite kann zu einer Überforderung hinsichtlich der Differenzierungsfähigkeit der befragten Person führen (vgl. [12, S. 705 f.; 38, S. 77 ff.]). Die Breite der Skala soll also von der vermuteten Abstraktionsfähigkeit der Zielgruppenmitglieder abhängig gemacht werden. Meist sind 5 bis 7 Skalenpunkte angemessen (vgl. [4, S. 181; 24, S. 45]). Mehr als 7–9

Abstufungen bringen nach Franzen [12, S. 705] meist keine Vorteile, weniger als 5 Abstufungen reduzieren sogar die Reliabilität (Abschn. 2.2).

Mummendey und Grau [35, S. 79] empfehlen für 5stufige Skalen folgende Antwortalternativen in Abhängigkeit vom Einsatzzweck (Tab. 3.1).

Für 7stufige Skalen empfehlen die Autoren [35, S. 80] die Pole „nie" bis „immer" oder „selten" bis „oft" für Häufigkeiten, „gar nicht" bis „sehr" für Intensität, „keinesfalls" bis „sicher" für Wahrscheinlichkeit, „stimmt nicht" bis „stimmt völlig" für Zustimmung. Es sei zu vermeiden, mehrere Antwortdimensionen zu vermischen (z. B. „gar nicht – etwas – manchmal – oft – immer", s. [35, S. 80]). Bei der Konstruktion des Fragebogens soll berücksichtigt werden, ob alle Skalenpunkte beschrieben werden oder nur die Pole (vgl. [12, S. 706 f.]). Werden alle Skalenpunkte beschrieben, fällt es den befragten Personen leichter, die Bedeutung einer höheren oder niedrigeren Ausprägung zu erfassen. Sind nur die Pole mit konkreter Bedeutung belegt, können die befragten Personen „intuitiver" ankreuzen. Sie verwenden dann ihre eigenen Abstufungen, was unter Umständen auch vorteilhaft ist und sich auf das Skalenniveau positiv auswirken kann (Abschn. 3.5; vgl. [4, S. 176]).

Wird eine ungerade Zahl von miteinander in Beziehung stehenden Antwortmöglichkeiten vorgegeben, zeigen befragte Personen häufig eine „Tendenz zur Mitte" [24, S. 52], insbesondere im späteren Verlauf der Befragung [37, S. 74]. Wird befürchtet, dass dieser Effekt die Aussagekraft der Befragung schmälert, wird eine gerade Anzahl von Antwortmöglichkeiten vorgegeben, wodurch die befragte Person „gezwungen" wird, sich zumindest für eine Richtung zu entscheiden (vgl. [35, S. 177 ff.; 34, S. 49; 12, S. 706]). Mit diesem Vorgehen wird auch teilweise das sogenannte Ambivalenz-Indifferenz-Problem (s. [4, S. 180]) umgangen: Eine „weiß-nicht"-Antwortkategorie wird von befragten Personen gerne genutzt, um den kognitiven Aufwand bei der Fragenbeantwortung zu reduzieren und sollte daher wo immer möglich vermieden werden (s. [12, S. 706]).

Tab. 3.1 Antwortalternativen in Abhängigkeit vom Einsatzzweck. (modifiziert nach [35, S. 79])

Art der Messung	0	1	2	3	4
Häufigkeit	Nie	Selten	Gelegentlich	Oft	Immer
Intensität	Nicht	Wenig	Mittelmäßig	Ziemlich	Sehr
Wahrscheinlichkeit	Keinesfalls	Wahrscheinlich nicht	Vielleicht	Ziemlich wahrscheinlich	Ganz sicher
Zustimmung	Stimmt nicht	Stimmt wenig	Stimmt mittelmäßig	Stimmt ziemlich	Stimmt sehr

3.4 Skalenausrichtung und -dimensionalität

Skalen können gerichtet oder ungerichtet sein sowie eine oder mehrere Dimensionen beinhalten. Die Richtung der Skala soll von Lesekonventionen abhängig gemacht werden, d. h. der Intensitätsgrad der Ausprägung soll in der Regel von links nach rechts zunehmend sein (vgl. [38, S. 88 ff.]), insofern keine „Antwortmuster" befürchtet werden (vgl. [12, S. 708]).

Eindimensionale Skalen gehen von einem Nullpunkt bis zu einem Maximalpunkt. Zweidimensionale Skalen beinhalten z. B. nicht nur die Möglichkeit, den Grad der Zustimmung anzugeben, sondern auch den der Ablehnung (vgl. [12, S. 707 f.]). Durch die mehrdimensionale Variante wird der „Spielraum", welcher der befragten Person zugestanden wird, vergrößert. Bei der späteren Interpretation der Daten ist zu berücksichtigen, dass sich die Formulierungsrichtung der Fragen bei Fragen, die einen Vergleich als Aufgabe beinhalten, nachweislich auf das Ergebnis auswirkt. Darüber hinaus wurden in einigen Untersuchungen Hinweise auf eine Tendenz bei befragten Personen gefunden, sich zustimmend zu äußern (Akquieszenz, vgl. [12, S. 706; 34, S. 61]; vgl. Abschn. 3.1).

Beispiel

Ein klassisches Beispiel für den Einfluss der Formulierungsrichtung der Frage auf das Antwortverhalten ist eine von Walter Krämer (s. [26, S. 7]) angeführte Untersuchung von amerikanischen Meinungsforschern, die folgende Frage stellten und mit „Ja" oder „Nein" beantworten ließen:

„Stimmen Sie der folgenden Behauptung zu: Für die zunehmende Kriminalität in unserem Land sind in erster Linie die gesellschaftlichen Verhältnisse und nicht die Menschen mit ihrem individuellen Fehlverhalten verantwortlich?"

Befragt man eine bevölkerungsrepräsentative Gruppe von Personen, stimmen ca. 2/3 der Befragten dieser Aussage zu. Ca. 2/3 Zustimmung erhält man allerdings auch auf diese Frage:

„Stimmen Sie der folgenden Behauptung zu: Für die zunehmende Kriminalität in unserem Land sind in erster Linie die Menschen mit ihrem individuellen Fehlverhalten und nicht die gesellschaftlichen Verhältnisse verantwortlich?".

Entsprechend sollte auch auf die Antwortmöglichkeiten geachtet werden. In einem bei Mummendey und Grau [35, S. 42] beschriebenen Experiment beantworten Versuchspersonen die Frage „Wie erfolgreich waren Sie bisher in Ihrem Leben?" mit der Skala

Überhaupt nicht erfolgreich	1	2	3	4	5	6	7	8	9	10	11	Außerordentlich erfolgreich

anders als Versuchspersonen, welche die gleiche Frage mit folgender Skala beantworten sollten:

Überhaupt nicht erfolgreich	−5	−4	−3	−2	−1	0	1	2	3	4	5	Außerordentlich erfolgreich

Im Mittel gaben Versuchspersonen, welche die zweite Variante vorgelegt bekamen, höhere Werte an. Laut Mummendey und Grau [35, S. 43] führten die Autoren des Experiments dies darauf zurück,

> dass die Probanden die Frage in beiden experimentellen Bedingungen unterschiedlich verstehen. Die unipolare Skala verleitet zu der Auffassung, dass mit „11" die Anwesenheit und mit „1" die Abwesenheit von Erfolgserlebnissen gemeint ist. Die bipolare Skala wird so aufgefasst, dass mit „+5" die Anwesenheit von Erfolg, mit „0" die Abwesenheit von Erfolg und mit „−5" die Anwesenheit von Misserfolgserlebnissen […] gemeint sei.

Tendenziell wird das erste Vergleichsobjekt deutlich besser bewertet als das zweite, selbst bei vermeintlich weniger komplexen Vergleichen (vgl. [24, S. 52]). Außerdem lesen einige befragte Personen nicht alle Antwortalternativen durch, bevor sie sich entscheiden, sondern nehmen das erste passende Element (s. [12, S. 708]).

Soll dieser Effekt eliminiert werden, kann man die Befragung in zwei Varianten durchführen. Eine Hälfte der Befragten erhält die Frage in der Form „Vergleiche A mit B", die andere Hälfte die Form „Vergleiche B mit A". Dies hat den Nachteil, dass man doppelt so viele Befragungen durchführen muss. Häufig wird man den direkten Vergleich vermeiden können, indem man beide Objekte jeweils einzeln bewerten lässt. Der relative Abstand zwischen den beiden Vergleichsobjekten kann dann z. B. durch einen Mittelwertsvergleich bestimmt werden (Abschn. 5.7). Allerdings muss auch hier beachtet werden, dass die jeweils zur Verfügung gestellten Vergleichsobjekte die Bewertung des anderen beeinflussen können.

Beispiel

Mummendey und Grau [35, S. 46 f.] nennen ein Beispiel für den Einfluss von Vergleichsobjekten auf das Antwortverhalten:

In welchem Ausmaß sind folgende Nahrungsmittel typisch deutsch?

| Reis | Untypisch | 1 | 2 | 3 | 4 | 5 | 6 | 7 | Typisch |
| Nudeln | Untypisch | 1 | 2 | 3 | 4 | 5 | 6 | 7 | Typisch |

Personen kennzeichneten bei Befragung mit der obigen Skala „Nudeln" im Mittel durchschnittlich „typischer", als wenn sie mit der folgenden Skala befragt würden:

| Kartoffeln | Untypisch | 1 | 2 | 3 | 4 | 5 | 6 | 7 | Typisch |
| Nudeln | Untypisch | 1 | 2 | 3 | 4 | 5 | 6 | 7 | Typisch |

Dies führen die Autoren darauf zurück, dass im Vergleich zu Reis Nudeln erheblich typischer für die Ernährungsgewohnheiten der Deutschen als im Vergleich zu den Kartoffeln erschienen.

3.5 Skalenniveaus

Jedes Item stellt eine eigene Messung (vgl. [35, S. 17 f.]) dar, die als „kodifizierte Zuordnung von Symbolen oder Ziffern zu Aspekten oder Ausprägungen manifester oder latenter Variablen" verstanden werden kann (s. [8, 32]). Eine Variable ist ein fester oder veränderlicher Wert in mindestens zwei Abstufungen, der gemessen oder abgeschätzt werden soll (s. [6, S. 7; 45, S. 122]). Latent bedeutet in diesem Zusammenhang, dass die Ausprägung indirekt erschlossen wird (z. B. eine Einstellung wird über die Äußerungen zu bestimmten Einstellungsobjekten abgeschätzt, vgl. [33, S. 76]). Manifest sind direkt gemessene Eigenschaften, wie zum Beispiel die Messung der Körperlänge durch Anwendung eines Gliedermaßstabs (vgl. [4, S. 3]) oder direkt beobachtbare „Sachverhalte […] als Ausprägungen bestimmter Merkmale auf einer Dimension" [45, S. 123 f.].

Wird ein geschlossenes Antwortformat verwendet, kann diese Messung auf 4 verschiedenen Skalenniveaus erfolgen, die als Nominal-, Ordinal-, Intervall- und Ratioskalenniveau bezeichnet werden (vgl. [24, S. 68 f.; 45, S. 135 f.]). Je nachdem, welches Skalenniveau eine Frage erreicht, bieten sich unterschiedlich komplexe Auswertungsmöglichkeiten (Kap. 5; s. [42, S. 6 ff.]). Das jeweils höhere Skalenniveau beinhaltet jeweils alle Eigenschaften der niedrigeren Niveaus, weshalb wo immer möglich und sinnvoll ein möglichst hohes Skalenniveau bei der Konstruktion von Items angestrebt werden sollte (vgl. [12, S. 51]).

3.5.1 Nominalskala

Bei einer Nominalskala, dem einfachsten Skalenniveau, unterscheiden sich die einzelnen Antwortmöglichkeiten deutlich voneinander. Sie schließen sich in der Regel gegenseitig aus (vgl. [39, S. 695; 42, S. 7]). Überlappen die Kategorien inhaltlich, wird die Auswertung später deutlich komplizierter.

3.5.2 Ordinalskala

Eine Ordinalskala liegt dann vor, wenn die einzelnen Antworten in einer Beziehung zueinander stehen und in eine relationale Reihenfolge gebracht werden können (vgl. [42, S. 7]).

3.5.3 Intervallskala

Auch bei einer Intervallskala lassen sich die einzelnen Antwortmöglichkeiten in eine sinnvolle Reihenfolge bringen. Darüber hinaus sind noch die Abstände zwischen den Skalenpunkten gleich groß (vgl. [42, S. 8]).

Erst ab dem Intervallskalenniveau ist eine sinnvolle Berechnung von Mittelwerten möglich, die für viele statistische Auswertungen relevant sind (vgl. [4, S. 68 ff.]; Abschn. 5.8).

▶   Die klassischen Schulnoten (1 = sehr gut, 2 = gut, 3 = befriedigend, 4 = ausreichend, 5 = mangelhaft, 6 = ungenügend) erfüllen nach gängiger Meinung (vgl. [4, S. 70; 45, S. 137]) nicht die Anforderungen an eine Intervallskala, denn es ist z. B. eher fraglich, ob der Abstand zwischen einem „gut" und einem „befriedigend" tatsächlich genauso groß ist wie zwischen einem „befriedigend" und einem „ausreichend"! Insofern ist eine Verwendung der „Schulnotenskala" und daraus resultierender Berechnungen mit Vorsicht zu genießen und soll trotz ihrer intuitiven Nachvollziehbarkeit eher nicht verwendet werden (Abschn. 5.8).

Bei endpunktskalierten und bei Likert-Skalen nimmt man häufig bei der Auswertung ein Intervallskalenniveau an (vgl. [12, S. 706 f.; 18, S. 97; 45, S. 178]). Das Prinzip einer Likert-Skala ist, dass positiv oder negativ formulierte Aussagen über einen Sachverhalt vorgegeben werden, zu dem die befragten Personen Zustimmung oder Ablehnung in mehreren, vorgegebenen Abstufungen äußern können. Die vorgegebenen Antwortmöglichkeiten sollen dabei so konstruiert werden, dass der Abstand zwischen den Antwortmöglichkeiten möglichst gleich und interpretierbar ist (Äquidistanz, vgl. [4, S. 177]). Dazu wird zunächst eine große Anzahl Fragen gesammelt, die das interessierende Merkmal bzw. Teile davon messen sollen (z. B. eine bestimmte Einstellung, vgl. [33, S. 87]). Diese Fragen werden mit einer 5stufigen Antwortskala versehen und anschließend einer Stichprobe vorgelegt. Die Antworten werden zu einem Gesamtwert aufaddiert, anschließend die Korrelation jedes Items mit dem Gesamtwert berechnet (Abschn. 5.14). Nur die Items mit den höchsten Korrelationswerten werden dann in den endgültigen Fragebogen aufgenommen, der bei der Untersuchungsstichprobe eingesetzt wird. Ausführliche Erläuterungen zu diesem und weiteren Verfahren, mit denen Skalen für Messinstrumente entwickelt werden können, finden sich z. B. bei Schnell et al. [45, S. 171 ff.] oder Bortz und Döring [4, S. 221 ff.]).

3.5.4 Ratio- oder Verhältnisskala

Ratio- oder Verhältnisskalen haben über die Eigenschaften einer Intervallskala hinaus einen natürlichen oder „echten" Skalenmittel- oder Nullpunkt (vgl. [4, S. 68 f.; 42, S. 8]).

3.5.5 Entscheidung für ein Skalenniveau

Bei der Entscheidung für ein Skalenniveau soll bei jeder einzelnen Frage bestimmt werden, welche Aussagen später mit dieser Frage getroffen werden können soll. Dabei können vier verschiedene Typen differenziert werden [31, S. 227 f.]. *Äquivalenzaussagen* geben an, ob Elemente gleich sind. *Ordnungsaussagen* geben darüber hinaus Reihenfolgen zwischen zwei Elementen an. Ist der Abstand zwischen zwei Elementen interpretierbar, sind auch *Distanzaussagen* möglich. *Verhältnisaussagen* ermöglichen darüber hinaus Angaben zu Verhältnissen zwischen zwei Elementen. Die Auswahl des Skalenniveaus kann sich an der folgenden Tabelle orientieren (Tab. 3.2):

Tab. 3.2 Zulässige Aussagen in Abhängigkeit vom Skalenniveau des Antwortformats. (modifiziert nach Kromrey [31, S. 227])

	Äquivalenzaussagen	Ordnungsaussagen	Distanzaussagen	Verhältnisaussagen
Nominalskala	Ja	Nein	Nein	Nein
Ordinalskala	Ja	Ja	Nein	Nein
Intervallskala	Ja	Ja	Ja	Nein
Ratioskala	Ja	Ja	Ja	Ja

Franzen [12, S. 709] fasst seine Empfehlungen zur Fragenentwicklung wie folgt zusammen:

1. Falls möglich, sollten keine geschlossenen Antwortkategorien vorgegeben werden, sondern die Antworten offen numerisch erhoben werden.
2. Antwortkategorien sollten disjunkt und erschöpfend sein.
3. Antwortkategorien sollten das höchstmögliche Skalenniveau realisieren.
4. Die optimale Anzahl an Antwortkategorien ist sieben plus/minus zwei.
5. Antwortkategorien sollten ungerade sein.
6. Falls möglich, sollte jede Antwortkategorie beschriftet sein.
7. Zur Vermeidung von Antwortmustern sollte die Reihenfolge von positiv zu negativ formulierten Antwortkategorien wechseln.

3.6 Reihenfolge der Fragen im Fragebogen

Ob eine Person einen Fragebogen ausfüllt, entscheidet sich meist schon beim ersten Blick, den sie auf den Bogen wirft. Ob sie ihn bis zum Ende offen und vollständig ausfüllt, hängt auch mit der Logik des Befragungsablaufs zusammen (vgl. [38, S. 137 ff.]). Obwohl viele befragte Personen den Fragebogen vor dem Ausfüllen zunächst einmal durchblättern, orientiert sich die Erwartungshaltung von Befragten wesentlich an der ersten Frage, die mit besonderer Sorgfalt ausgewählt und formuliert werden sollte (Abschn. 2.6). Sie sollte für die befragte Person leicht zu beantworten sein, sich erkennbar auf das Thema der Gesamtbefragung beziehen und für alle potenziell befragten Personen bedeutsam sein. Fallen der befragten Person gleich zu Anfang die „richtigen" Fragen auf und empfindet sie es als angenehm oder anregend, diese zu beantworten, erhöht dies die Antwortquote und -qualität erheblich (vgl. [38, S. 139]). Personen, welche die ersten drei, vier Fragen beantworten, fühlen sich oft „gebunden", den Fragebogen vollständig auszufüllen, insofern er nicht zu lang ist bzw. nicht zu monoton wirkt (s. [37, S. 73]). Wie in der Belletristik sollte der Einstieg spannend, inhaltlich aktuell und themenbezogen sein und eine „Dramaturgie" einleiten ([38, S. 137 ff.; vgl. 37, S. 63 ff.]). Die Themenbereiche insgesamt sowie die Fragen innerhalb der einzelnen Themenbereiche sollten dabei vom Allgemeinen in Richtung konkreter Aussagen sortiert werden sowie von einfachen Aussagen zu abstrakten Fragestellungen (vgl. [1]).

Fragen zu gleichen Themen sollen im Fragebogen in „Fragenblocks" kombiniert werden. Zwischen den Fragenblocks sollen Überschriften und/oder Überleitungen stehen, um einen zu abrupten Übergang zwischen unterschiedlichen

Themenbereichen zu vermeiden (s. [27, S. 677 f.]). Steht die Reihenfolge im Fragebogen fest, werden die Fragen durchnummeriert.

► Demografische Daten zur befragten Person sind selten ein guter Einstieg, sondern sollen am Ende des Fragebogens stehen (vgl. [33, S. 96]).

Idealerweise ist die befragte Person vom Thema persönlich betroffen, wird davon aber nicht „betroffen gemacht" [38, S. 141]. Wie im Abschn. 1.1 beschrieben, soll die befragte Person sowohl eine positive Erwartung als auch einen positiven Wert damit verbinden, den Fragebogen zu beantworten. Sie soll also erwarten, dass der Fragebogen spannend werden könnte, thematisch interessant und eine irgendwie geartete Bedeutung für sie haben könnte, so dass sich der mit der Beantwortung verbundene Aufwand für sie lohnt. Jede befragte Person sollte in der Lage sein, die ersten Fragen ohne Schwierigkeiten zu beantworten (vgl. [45, S. 353]).

Fragen, die nur bestimmte Untergruppen von befragten Personen betreffen oder einen hohen Schwierigkeitsgrad aufweisen, gehören daher keinesfalls an den Anfang (vgl. [38, S. 146]). Fragen, die sich nur an spezifische Untergruppen richten, werden nach Mayer [33, S. 97] durch Filterfragen oder -anweisungen eingeleitet und durch Sprungmarken ergänzt, die den nicht betroffenen befragten Personen zeigen, bei welcher Frage sie die Beantwortung fortsetzen sollen. Filterfragen erhöhen allerdings auch die Fehlerwahrscheinlichkeit bei der Beantwortung und sollten daher sehr sparsam verwendet werden (vgl. [27, S. 679]).

Fragen, die mit erhöhter Wahrscheinlichkeit negative Reaktionen auslösen können, sollten eher am Ende des Fragebogens auftauchen, insofern sie dort inhaltlich noch passend sind. Solche „heiklen" [38, S. 129] oder „bedrohlichen" Fragen [22, S. 306] werden in der Regel offener beantwortet, wenn zuvor absolute Vertraulichkeit und Konsequenzenlosigkeit der Befragung für die befragte Person versichert wird [38, S. 131].

Auf der letzten Seite sollte nach Porst [38, S. 161 ff.], auch ein Textfeld für Anmerkungen, Kritik, Lob etc. frei bleiben. Der Fragebogen sollte dann nicht plötzlich enden, sondern einer guten Dramaturgie entsprechend mit einem Dank an die befragte Person abgeschlossen werden ([38, S. 137 ff. bzw. 33, S. 98]).

Durchführung von Befragungen mittels Fragebogen

4

Da im Gegensatz zum persönlich-mündlichen Interview die Einstellung der befragten Person zum Fragebogen durch die befragende Person nicht direkt beeinflusst werden kann, sollte durch die Beachtung der oben genannten Kriterien bei der befragten Person die Motivation zum Ausfüllen schon durch die Konstruktion erhöht werden. Anders als bei mündlichen Befragungen können die befragten Personen nicht nachhaken bei Unklarheiten; missverständliche Formulierungen können nicht geklärt und Rückfragen nicht gestellt werden (vgl. [43, S. 643 ff.]). Auch Ort und Zeitpunkt der Fragebogenbeantwortung können nicht kontrolliert werden ([43, S. 649]). Allerdings fällt durch die standardisierte Schriftform auch der Interviewereinfluss auf das Antwortverhalten der befragten Person weg, wodurch die Ergebnisse in dieser Hinsicht nicht verzerrt werden können (s. [14, S. 313 ff.; 44, S. 351]).

Um eine ausreichende Repräsentativität (Abschn. 2.2) der Ergebnisse für die Zielgruppe zu erreichen, soll ein besonderes Augenmerk auf die Auswahl der Stichprobe (Sampling) gelegt werden, insofern keine Vollerhebung bei allen Mitgliedern der Zielpopulation durchgeführt werden kann (vgl. [25, S. 1 ff.]).

Einigen Autoren zufolge (z. B. [33, S. 101; 43, S. 649 f.]) wird bei schriftlichen Befragungen erwartet, dass die befragten Personen ehrlicher als bei mündlichen Befragungen antworten, zumal die anonyme Beantwortung auch in einer räumlich-zeitlichen „Komfortzone" erfolgen kann und nicht „überfallartig" z. B. in der Fußgängerzone erfolgt (vgl. [22, S. 305 ff.]). Schriftliche Befragungen seien in der Regel kostengünstiger als mündliche Interviews, Antworten überlegter und die Zusicherung von Anonymität glaubwürdiger (vgl. [45, S. 351]). Schriftliche Befragungen sind meist in einem relativ kurzen Zeitraum durchzuführen und nicht regional begrenzt.

© Springer Fachmedien Wiesbaden 2016
S. Hollenberg, *Fragebögen*, essentials, DOI 10.1007/978-3-658-12967-5_4

4.1   Pretest

Ein Fragebogen sollte unbedingt einem Pretest unter ähnlichen Bedingungen wie der tatsächlichen Befragung unterzogen werden, d. h. an einer kleinen Stichprobe der Zielgruppenpopulation (ca. 20–50 Personen nach [38, S. 191]) auf seine Eignung getestet werden (vgl. [38, S. 189; 46, S. 135 ff.; 49, S. 299 ff.]). Dabei soll anhand der Probeergebnisse überprüft werden, ob alle oben genannten Kriterien erfüllt und mögliche Fallstricke vermieden wurden.

Gemäß Häder [18, S. 396] geht es bei einem Pretest primär darum,
- die Verständlichkeit der Fragen zu überprüfen,
- die bei den Antworten aufgetretene Varianz zu ermitteln,
- die Übersichtlichkeit des Fragebogens zu testen,
- Schwierigkeiten zu ermitteln, die Zielpersonen bei der Beantwortung von Fragen haben,
- die theoretische Aussagekraft des Fragebogens zu prüfen und
- die Feldbedingungen vorwegzunehmen, um das Funktionieren des vorgesehenen Designs zu ermitteln.
- Bei Porst [38, S. 191] werden diese Aspekte um die Pretest-Zielrichtungen ergänzt
- die Reihenfolge der Fragen zu testen,
- Kontexteffekte festzustellen,
- das Zustandekommen von Antworten zu beobachten,
- Häufigkeitsverteilungen der Antworten abzuschätzen,
- Interesse, Aufmerksamkeit und Wohlbefinden der Befragten bei einzelnen Fragen und dem Fragebogen insgesamt wahrzunehmen,
- die Zeitdauer der Befragung abzuleiten.

Fallen beim Pretest Schwierigkeiten oder Probleme auf, sollte der Fragebogen entsprechend verbessert und ggf. einem erneuten Pretest an einer weiteren Stichprobe unterzogen werden (vgl. [35, S. 90 f.; 49]).

4.2   Stichprobenauswahl

Selten wird es möglich sein, eine Vollerhebung mit 100 % Rücklauf (Totalerhebung) durchzuführen. Es ist daher in der Regel notwendig, eine Stichprobe aus der Zielpopulation festzulegen (s. [19, S. 283 ff.; 25, S. 1 ff.; 46, S. 245 ff.]) und diese zu befragen, um daraus Rückschlüsse für die Gesamtgruppe zu ziehen. Selbst wenn Messfehler (z. B. Formulierungsfehler im Fragebogen), Verarbeitungsfehler (z. B. bei der Eingabe der erhobenen Daten in das Verarbeitungsprogramm) und technische Fehler (z. B. durch Verwendung eines unangemessenen Auswertungsverfahrens) vermieden werden, kann durch Stichprobenfehler (falsche Auswahl), Spezifikationsfehler (fehlende Übereinstimmung zwischen zu messendem und tatsächlich gemessenem Konstrukt) und fehlende Werte aufgrund von Nichtbeantwortung (Non-Response) ein völlig verzerrtes Ergebnis entstehen (vgl. [11, S. 439 ff.]).

Um aussagekräftige Ergebnisse zu erzielen, darf sich die Stichprobe, bei der die Daten erhoben werden, von der Grundgesamtheit in wesentlichen, für die Fragestellung bedeutsamen Merkmalen nicht unterscheiden. Diese Form der Repräsentativität (vgl. [4, S. 397; 30, S. 262; 32, S. 397]) wird entweder durch eine Zufallsauswahl mit hinreichendem Stichprobenumfang angestrebt oder durch ein Auswahlverfahren, das zentrale Charakteristika der Zielpopulation und relevante Quoten berücksichtigt (vgl. [19, S. 283 ff.]).

4.2.1   Unsystematische Auswahl

Bei vielen Befragungen wird kaum darauf geachtet, welche Personen befragt werden. Es werden einfach alle befragt, die der befragenden Person begegnen und bereit sind, den Fragebogen auszufüllen. Problematisch ist bei einer solchen unsystematischen Auswahl der befragten Personen, dass in der Regel keine Rückschlüsse auf eine bestimmte Zielpopulation gezogen werden können. Es kann kaum kontrolliert werden, ob die befragten Personen bezogen auf das relevante Merkmal repräsentativ für die Zielgruppe sind. Eine Stichprobenverzerrung bzw. eine Stichprobe mit systematischem Fehler ist hier insbesondere bei einer kleinen Stichprobe befragter Personen oder bei einem systematischen Ausfall bestimmter Untergruppen von Befragten wahrscheinlich (vgl. [11, S. 441]). Von daher ist von einer unsystematischen Auswahl generell abzuraten. Die geringe Zuverlässigkeit und mangelnde Aussagekraft einiger entsprechend ungesteuerter Umfragen in Zeitschriften, im Internet oder bei Fernsehabstimmungen (TED) sind vor allem auf die fehlende Systematik bei der Auswahl der befragten Personen zurückzuführen.

4.2.2   Einfache Zufallsstichprobe

Eine bessere Möglichkeit der Stichprobenziehung ist die einfache Zufallsstichprobe (vgl. [4, S. 394 ff.]). Nimmt man eine Zufallsstichprobe aus einer Grundgesamtheit der Zielpopulation, muss sichergestellt sein, dass jede Person mit gleicher Wahrscheinlichkeit befragt wird, d. h. es darf keine systematischen Verzerrungen in der Auswahl geben (vgl. [19, S. 285]). Nehmen wir z. B. an, dass die Zielpopulation N Mitglieder hat und wir n Personen befragen. Aus der Kombinatorik ist bekannt, dass dann

$$\binom{N}{n} = \frac{2*\ldots*N}{2*\ldots*n*2*3*\ldots*(N-n)} = \frac{N!}{n!(N-n)!} \tag{4.1}$$

mögliche Stichproben vom Umfang n gezogen werden können (s. [25]). Davon sind durch die Zufallsauswahl bei hinreichendem n relativ viele Stichproben repräsentativ für die Gesamtgruppe und relativ wenige verzerrt. Jede einzelne Person hat die Wahrscheinlichkeit $P = n/N$ in der Stichprobe zu sein.

Da allerdings nicht nach inhaltlichen Kriterien bestimmt wird, wer befragt wird und wer nicht, ist die Wahrscheinlichkeit einer Verzerrung der Ergebnisse gering, aber nicht unmöglich, zumindest bei einer im Verhältnis zur Gesamtgruppe geringen Stichprobengröße. Daher wird häufig auf eine andere Art der Stichprobenziehung zurückgegriffen, die Typen- oder die Quotenstichprobe (s. [25, S. 8 f.]).

4.2.3 Typenstichprobe

Eine Typenstichprobe setzt voraus, dass die für die Auswahl zuständige Person weiß, welche zu befragenden Personen hinreichend repräsentativ für die gesamte Zielpopulation sind, insbesondere in Bezug auf das zu untersuchende Merkmal (s. [45, S. 298 ff.]). Es wird eine Auswahl an repräsentativen Personen befragt und die Ergebnisse auf die Zielgruppe generalisiert.

4.2.4 Quotenstichprobe

Besonders bei Umfragen in der Markt- und Meinungsforschung kommt die Quotenstichprobe (auch Quotaverfahren genannt) zum Einsatz. Nachdem relevante Merkmale festgelegt wurden, deren jeweilige Verteilung in der Zielpopulation bekannt ist (z. B. Alter, Geschlecht, Beruf, Brutto-Monatseinkommen, Anzahl der Kinder), wird eine Stichprobe gezogen, die annähernd die gleichen Verteilungen besitzt (vgl. [25]). Relevante Störgrößen können mit dieser Methode recht gut kontrolliert werden, insofern die Rücklaufquote der einzelnen Untergruppen kontrolliert werden kann. Porst [38, S. 191 f.]) empfiehlt insbesondere für Pretests (Abschn. 4.1) solche Quotenstichproben.

4.3 Stichprobenumfang

Die Anzahl zu befragender Personen (Stichprobenumfang) die man für ein aussagekräftiges Ergebnis benötigt, kann nach Mayer [33, S. 66] mit folgender Formel bestimmt werden (vgl. [19, S. 288]):

$$n = \frac{t^2 N p(1-p)}{t^2 p(1-p) + d^2(N-1)} \tag{4.2}$$

wobei n wieder dem gesuchten Stichprobenumfang, also der Anzahl zu befragender Personen entspricht, N den Umfang der Grundgesamtheit, also der Anzahl der Personen in der Zielpopulation darstellt, über die eine Aussage getroffen werden soll und t der sogenannte Sicherheitsfaktor ist. Dieser wird aus einer akzeptierten „Irrtumswahrscheinlichkeit" bestimmt. Bei der häufig angemessenen Irrtumswahrscheinlichkeit von 5 % entspricht der Sicherheitsfaktor ungefähr dem Wert $t \approx 1{,}96$. p ist der Anteil der Elemente in der Stichprobe, welche die untersuchte Merkmalsausprägung aufweisen. Da dieser Wert in der Praxis meist nicht bekannt ist, nimmt man nach Mayer (2013, S. 66) „am zweckmäßigsten den ungünstigsten Fall an, nämlich $p = 50\,\%$". d ist der akzeptierte Stichprobenfehler (z. B. bei einer Genauigkeit von $\pm 3\,\%$ ist $d = 0{,}03$).

Nach der Gl. 4.2 ergeben sich für unterschiedlich große Grundgesamtheiten N bei einer Irrtumswahrscheinlichkeit von 5 % in Tab. 4.1 aufgeführte Stichprobengrößen für Anteilswerte p von 50 %, 80 % und 90 % sowie einem akzeptierten Stichprobenfehler d von 3 % bzw. 5 % (vgl. [18, S. 146; 19, S. 289]) (Tab. 4.1).

Nach Mayer [33, S. 66] kann z. B. bei einer Irrtumswahrscheinlichkeit von 5 % (also einem Sicherheitsfaktor von $t \approx 1{,}96$) und einem Wert für $p = 0{,}5$ folgende Formel verwendet werden:

$$n = \frac{N}{1 + d^2(N-1)} \tag{4.3}$$

Beträgt der Stichprobenumfang nicht mehr als 5 % der Gesamtheit aller Personen in der Zielpopulation, lässt sich die Formel laut Mayer [33, S. 66] vereinfachen auf

$$n = \frac{1}{d^2} \quad bzw. \quad n \geq \frac{p(1-p)}{d^2}. \tag{4.4}$$

Tab. 4.1 Empfohlene Mindest-Stichprobengrößen bei einer Irrtumswahrscheinlichkeit von 5% in Abhängigkeit vom Umfang N der Grundgesamtheit, der Anteilswerte p sowie dem akzeptierten Stichprobenfehler d, ermittelt durch Gl. 4.2

N	$p=50\%$		$p=80\%$ (20%)		$p=90\%$ (10%)	
	$d=0,03$	$d=0,05$	$d=0,03$	$d=0,05$	$d=0,03$	$d=0,05$
100	92	80	87	71	80	58
200	169	132	155	111	132	82
300	234	169	209	135	169	95
400	291	196	252	153	196	103
500	341	218	289	165	217	109
750	441	254	358	185	254	117
1.000	516	278	406	198	278	122
3.000	787	341	556	227	341	132
5.000	880	357	601	234	357	135
7.500	934	365	626	238	365	136
10.000	964	370	639	240	370	136
20.000	1013	377	660	243	377	137
50.000	1045	381	674	245	381	138
75.000	1052	382	677	245	382	138
100.000	1056	384	678	245	383	138

Bei einer großen Grundgesamtheit und einer kleinen Stichprobe bestimmt sich die Anzahl demnach nach dem Anteil des Vorkommens einer Merkmalsausprägung und dem Stichprobenfehler, den man als akzeptabel betrachtet.

Für eine weitergehende Auseinandersetzung mit den Möglichkeiten, das optimale Verhältnis zwischen gewünschter Schätzgenauigkeit der Untersuchung und dem damit verbundenen Aufwand empfiehlt sich ein Blick in [4, S. 393 ff.] für Vertiefungen von mathematischen Hintergründen bzw. [25] für Berechnungen unter verschiedenen Voraussetzungen mit dem kostenfreien Statistikprogramm „R".

Auswertung von Fragebögen 5

Bereits bei der Konstruktion der Fragebögen sollte feststehen, mit welchen Mitteln die Auswertung erfolgen soll. Um nicht im Nachhinein etwas in die Ergebnisse „hineinzulesen" sondern die Daten möglichst objektiv zu betrachten, sollen auch bereits theoriegeleitet Hypothesen zu den möglichen Ergebnissen und daraus zu ziehende Schlussfolgerungen formuliert sein (vgl. [31, S. 70 ff.]).

Nachdem man die Fragebögen ausgefüllt zurückerhalten hat, sollen sie zunächst daraufhin überprüft werden, ob sie vollständig ausgefüllt wurden. Vor der eigentlichen Auswertung solle dann festgelegt werden, wie mit fehlenden Daten umgegangen werden soll (Unit- oder Itemnonresponse, bzw. drop out, vgl. [10, 331 ff.; 18, S. 178 ff.; 46, S. 157]). Dabei geht es sowohl um vollständig fehlende Fragebögen als auch um die Nicht-Beantwortung einzelner Fragestellungen (vgl. [17, S. 119 ff.]). Eine der häufigsten nicht beantworteten Fragen ist z. B. die nach dem Netto-Haushaltseinkommen ([18, S. 178]). Problematisch sind fehlende Angaben insbesondere dann, wenn sie systematisch auftreten und damit mögliche Schlussfolgerungen verzerren.

Die vorhandenen und ggf. ergänzten Daten können beschreibend (deskriptiv) ausgewertet werden. Dabei sollte auch die Anzahl der befragten Personen sowie das Verhältnis dieser Anzahl zum Umfang der Zielpopulation berücksichtigt werden ([5, S. 51 ff.]).

Fehlende Daten
Vor der Auswertung der Ergebnisse sollen eine Strategie zur Erhöhung der Teilnahmequote (z. B. Nachfass- oder Erinnerungsaktionen) durchgeführt sowie der Umgang mit fehlenden Daten geklärt worden sein (s. [10, S. 331 ff.]).

© Springer Fachmedien Wiesbaden 2016
S. Hollenberg, *Fragebögen*, essentials, DOI 10.1007/978-3-658-12967-5_5

Sollen z. B. Bögen mit fehlenden Angaben komplett aus der Auswertung genommen werden, wodurch auch die Antworten auf verschiedene Fragen miteinander in Beziehung gebracht werden können?
Oder sollen diejenigen Fragen, die beantwortet wurden, auch in die Auswertung einbezogen werden, wodurch sich bei verschiedenen Fragen unterschiedliche „Teilnehmerzahlen" ergeben?

Es gibt auch die Möglichkeit, fehlende Antworten systematisch zu ersetzen oder Ansätze, um die vorhandenen Daten statistisch zu gewichten (z. B. [25, S. 225 ff.; 18, S. 185 ff.]). In jedem Fall muss im späteren Bericht zur Befragung deutlich werden, welches Vorgehen aus welchem Grund gewählt wurde und die konkreten Antwortzahlen (fehlende und ausgewertete) angegeben werden. Auch aus anderen Gründen ausgeschlossene Fragebögen (z. B. deutlich erkennbar zufälliges Antwortverhalten, „Mustermalen", offensichtlich bewusst eingestreute Fehlinformation oder Ähnliches) sowie deren Ausschlussgründe müssen im Bericht erwähnt werden (vgl. [37, S. 74; 18, S. 178 ff.]).

Computergestützte Auswertung und Codierung
Die Antworten aus den Fragebögen werden in ein Tabellenkalkulations- oder Statistikprogramm eingegeben. Insofern zuvor keine Identifikationsnummer vergeben worden ist (Abschn. 2.4), solle jedem Bogen jetzt eine eigene Nummer zugeteilt werden (Codierung), die auf dem Bogen und im Programm notiert wird ([18, S. 245]). Dadurch können später jede Eintragung überprüft werden und Eingabefehler korrigiert werden. Die einzelnen Datenpunkte (Antworten auf dem Fragebogen) können dabei – auch falls streng genommen keine Messung im engeren Sinne vorgenommen wurde (vgl. [37, S. 18 ff.]) – als „Messwerte" bezeichnet und als solche mathematisch weiterbehandelt werden (vgl. [45, S. 130, 339]). Dazu müssen bei geschlossenen Fragen den einzelnen Skalenwerten Zahlen zugeordnet werden.

Wichtige Parameter
Ein wesentlicher Zweck einer statistischen Auswertung ist, Datenkomplexität zu reduzieren und mit wenigen Parametern aussagekräftige Ergebnisse für eine schlüssige Interpretation bereit zu stellen. Die Fülle der Primärdaten soll soweit reduziert werden, dass eine verständliche und nachvollziehbare Aussage über die Daten und in der Folge adäquate Schlussfolgerungen ermöglicht werden. Je nach Skalenniveau der Fragen und dem Antwortformat sind verschiedene Auswertungen möglich (vgl. [31, S. 202 ff.; 45, S. 431 ff.]).

Tab. 5.1 Beispiele, Kennzeichen, mögliche Aussagen und jeweils sinnvoll einzusetzende Statistiken in Abhängigkeit vom Skalenniveau (modifiziert nach Kallus [24, S. 72] sowie Bortz und Döring [4, S. 69])

Skalenniveau	Beispiele	Kennzeichen; mögliche Aussagen	Sinnvolle Statistik
Nominal	Geschlecht, Beruf	Zugehörigkeit zu einer Klasse; Gleichheit, Verschiedenheit	Häufigkeiten und relative Häufigkeiten
Ordinal	Platzierung bei Wett-bewerben	Rangordnung; Größer-Kleiner-Relationen	Rangbezogene Statistiken
Intervall	Temperaturskalen, Kalenderzeit	Messung mit gleichbleibenden Abständen zwischen Skalenpunkten; Gleichheit von Differenzen	Metrische Statistiken wie Mittelwerte, Varianz, Kovarianz
Ratio	Lebensalter, Längen- oder Gewichtsmessung	Messungen mit gleichbleibenden Abständen zwischen Skalenpunkten und natürlichem Nullpunkt; Gleichheit vom Verhältnissen	Zusätzlich Verhältnisse, Vergleiche von Anteilswerten

Zum Verständnis der statistischen Formeln werden folgende mathematische Zeichen benötigt:

N stellt die Anzahl der Personen in der Grundgesamtheit bezogen auf das interessierende Merkmal dar. Der Buchstabe n steht nun für die Anzahl der Messwerte des Merkmals, x_i für den Messwert an i. Stelle bzw. der i. Person. Mit dem griechischen Zeichen Σ („sigma") wird eine Summe abgekürzt, z. B. die Summe der Messwerte von x_1 bis x_n durch $\sum_{i=1}^{n} x_i$ (vgl. [6]).

Bei der Auswertung muss das Skalenniveau, das die einzelne Frage hat, berücksichtigt werden. Tabelle 5.1 gibt die möglichen Skalenniveaus mit Beispielen und ihre Kennzeichnungen sowie sinnvoll anzuwendende Statistiken an (modifiziert nach [24, S. 72]) (Tab. 5.1).

Grafische Datenanalyse

Der erste Schritt einer Datenanalyse besteht oft in der Betrachtung der Verteilung verschiedener Antworten in Diagrammen (s. [6, S. 39 ff.]). Die grafische Darstellung der Befragungsdaten ermöglicht es einen ersten Eindruck von der Datenverteilung zu erhalten (vgl. [15, S. 137 ff.]).

Die Datenverteilungen können z. B. durch Punkt-, Kurven-, Linien-, Flächen-, Säulen-, Balken- oder Kreisdiagramme dargestellt werden. In die meisten Statistik- oder Tabellenkalkulationsprogramme sind Funktionen zur Erstellung entsprechender Diagramme integriert. Entscheidend für die Wahl des Diagramms ist die

Frage, was durch die Daten beschrieben werden soll. Mit einem Strukturvergleich wird aufgeschlüsselt, wie groß der Anteil einzelner Komponenten an der Gesamtverteilung ist. Eine Ordnung in einer bewertenden Reihenfolge kann als Rangfolge beschrieben werden. Eine Zeitreihe beschreibt Veränderungen von Daten in Abhängigkeit von einer zeitlichen Entwicklung. Häufigkeiten geben an, wie oft in den untersuchten Daten bestimmte Merkmale in bestimmten Größenklassen auftreten. Die Korrelation beschreibt den Zusammenhang zwischen zwei untersuchten Merkmalen (Abschn. 5.14, vgl. [6]).

Zur Vermeidung von Fehlinterpretationen sollen Grafiken möglichst einfach und übersichtlich sein, d. h. nur so viele Details wie nötig enthalten. Die optische Größe von in der Grafik verwendeten Elementen muss den Zahlenverhältnissen in der Datenverteilung entsprechen und darf keine verzerrenden Vergrößerungen oder Verkleinerungen enthalten (vgl. [29]). Das bedeutet auch, dass die Proportionalität zwischen Objekt- und Diagrammwerten beizubehalten ist. Grafische Gestaltungsmittel müssen gut unterscheidbar sein und dürfen nur da eingesetzt werden, wo sie das Verständnis erleichtern. Nicht zu vergessen sind eine angemessene Beschriftung und eine Angabe zur Datenquelle, insofern auch Daten integriert werden, die nicht aus der eigenen Erhebung stammen.

Kurven- oder Liniendiagramme eignen sich zur Darstellung von Entwicklungen über die Zeit (vgl. [5, S. 345 ff.]) oder für direkte Vergleiche zwischen verschiedenen Beobachtungsreihen. Liniendiagramme eignen sich für die Darstellung von Häufigkeitsverteilungen. Die Achsen sollten dabei weder gestaucht noch gestreckt werden, da dies zu einer optischen Verfälschung führen könnte. Bei Flächendiagrammen werden die einzelnen Datenkurven übereinander angeordnet und die Flächen zwischen den Kurven farblich oder durch Schraffuren gestaltet. Mit Flächendiagrammen kann die Entwicklung einer Gesamtgröße mit mehreren Teilgrößen kompakt präsentiert werden.

Säulen- und Balkendiagramme sind für die Veranschaulichung statistischer Daten in einer zeitlichen oder räumlichen Folge bzw. in Bezug auf verschiedene Gruppen geeignet (vgl. [6, S. 45]). Säulen sind senkrecht, Balken waagerecht angeordnet. Rangfolgen können häufig leichter durch Balken, Strukturen durch Säulendiagramme visualisiert werden. Die Säulen bzw. Balken können zur Veranschaulichung von Teilmengen weiter unterteilt werden. Die Höhenskala (Säulen) bzw. Breitenskala (Balken) sollten bei einem sinnvollen Wert beginnen (in der Regel bei 0) und die Höhenangaben bzw. Breitenangaben proportional zu den dargestellten Werten sein. Balkendiagramme ebenso wie Punktdiagramme sind zur Darstellung von Zusammenhängen zwischen zwei Variablen (Abschn. 5.8) geeignet.

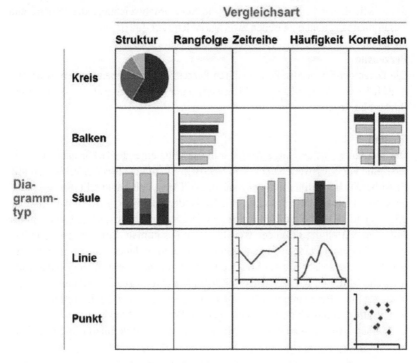

Abb. 5.1 Beispiele und Anwendungsfelder für Diagramme (adaptierte Zelazny-Matrix) – Mit freundlicher Genehmigung von Springer Science + Business Media: Wie aus Ideen Präsentationen werden, Kap. 10 – Schaubilddesign, 2011, S. 143, Markus Graebig, Anja Jennerich-Wünsche, Ernst Engel, Abb. 10.3, © 2011 Springer Science + Business Media

Kreisdiagramme werden vor allem zur Darstellung von prozentualen Zusammensetzungen oder Strukturen verwendet (s. [6, S. 45]). Der Kreis wird in Segmente aufgeteilt, deren proportionaler Anteil den Teilkomponenten entspricht. Werden relative Anteile wiedergegeben, sollen auch die absoluten Werte (Gesamtmenge und Teilmengen) angegeben werden.

Abbildung 5.1 verdeutlicht die grafische Grundstruktur und die Anwendungsbereiche der genannten Diagrammarten (aus [15, S. 143]).

Die Angabe statistischer Parameter hilft bei einer objektiven Auswertung der erhobenen Daten. Interessant sind – insbesondere zum Vergleich mit ähnlichen oder früheren Befragungen – häufig daher Perzentile, der Median, das arithmetische Mittel, der Modalwert/Modus, die Standardabweichung, die Varianz und Zusammenhangsmaße zwischen zwei Variablen (vgl. [42]).

Perzentile
Die Daten der Stichprobe können durch Perzentile beschrieben werden. Nach ([6, S. 33]) ist ein Perzentil x_p „der Messwert, unter dem p Prozent der Werte in der Stichprobe liegen".

Median
Der Median $x_{0,5}$ ist derjenige Wert, der in der Mitte einer der Größe nach geordneten Reihe von Messwerten liegt (s. [42, S. 10]), entspricht also dem 50 %-Perzentil. Er ist bereits bei Ordinalskalenniveau sinnvoll anwendbar und teilt die Verteilung der Daten in zwei Hälften, sodass eine Hälfte der Verteilung größere Werte enthält und die andere Hälfte die kleinere. Bei ungerader Anzahl ist der Median als in der Mitte der Verteilung liegender Wert leicht zu bestimmen. Ein wenig schwieriger wird es bei einer geraden Anzahl von Messwerten. Falls es sinnvoll möglich ist, eine Differenz zwischen zwei Messwerten zu berechnen, verwendet man das arithmetische Mittel (s. u.) der beiden mittleren Messwerte zur Bestimmung des Medians. Ist diese Berechnung nicht sinnvoll möglich, so gelten beide mittleren Werte (sowie alle theoretisch dazwischen liegenden Werte) als Median.

Mathematisch ausgedrückt wird der Median wie folgt definiert (vgl. [6, S. 26]):

$$x_{0,5} = \begin{cases} x_{\frac{n+1}{2}} & , falls\, n\, ungerade. \\ \frac{1}{2}\left(x_{\frac{n}{2}} + x_{\frac{n}{2}+1}\right), falls\, n\, gerade. \end{cases} \tag{5.1}$$

Interquartilbereich
Wird der Median Q_3 der Werte berechnet, die oberhalb des Medians liegen, und von diesem der Median Q_1 der Werte unterhalb des Medians subtrahiert, erhält man den Interquartilbereich IQR (s. [6, S. 32]), der relativ robust gegen den verzerrenden Einfluss von extremen Werten ist:

$$IQR = Q_3 - Q_1 \tag{5.2}$$

Arithmetisches Mittel
Die zweckmäßige Berechnung des arithmetischen Mittels $\bar{x}$ setzt voraus, dass die Daten mindestens intervallskaliert sind (vgl. [42, S. 10]). Die Berechnung erfolgt, indem sämtliche Einzelwerte addiert und die Summe durch die Gesamtzahl der Fälle dividiert wird (vgl. 2010 [6, S. 25 f.]):

$$x = \frac{1}{n} \sum\nolimits_{i=1}^{n} x_i \qquad (5.3)$$

Modalwert/Modus
Der Modalwert oder Modus ist der am häufigsten auftretende Wert in einer Verteilung und kann bereits bei Nominalskalenniveau sinnvoll sein (vgl. [6, S. 28]). Ermittelt wird er durch Auszählung der Häufigkeiten. Wurde sehr kleinschrittig und
mit wenigen Messwerten gemessen, ist es oft sinnvoll, Daten zu Gruppen zusam-
menzufassen (z. B. Altersklassen). Als Faustregel kann dabei gelten, die Anzahl
der Abstufungen durch $\sqrt{n}$ zu bestimmen. Die formalen und inhaltlichen Rahmen-
bedingungen der Befragung oder theoretische Hintergründe können andere Grup-
penbildungen nahelegen.

Spannweite und Variationsbreite
Die Spannweite entspricht dem kleinsten und dem größten Wert in der Verteilung.
Die Variationsbreite ist nach ([6, S. 32]) die Differenz aus diesen beiden Werten.

Varianz
Die mittlere quadratische Abweichung vom arithmetischen Mittel $\bar{x}$ wird als Varianz s^2 bezeichnet. Sie berechnet sich bei mindestens intervallskalierten Stich-
probendaten, mit denen eine Aussage über eine Grundgesamtheit getroffen werden
soll, gemäß Bortz und Schuster [6, S. 30] durch

$$s^2 = \frac{1}{n-1} \sum\nolimits_{i=1}^{n} (x_i - \bar{x})^2. \qquad (5.4)$$

Sie stellt also so etwas wie eine korrigierte „quadrierte Durchschnittsabweichung"
der Daten vom Mittelwert dar.

Standardabweichung
Die Standardabweichung s wird durch die Quadratwurzel aus der Varianz berechnet ([6, S. 31]).

$$s = \sqrt{s^2}. \qquad (5.5)$$

Mit der Standardabweichung wird die Streuung der Daten um einen Mittelwert beschrieben. Durch das Wurzelziehen erhalten die Daten wieder ihre ursprüngliche
Dimensionierung zurück, was die Interpretation vereinfacht.

Variationskoeffizient

Sollen zwei Verteilungen mit unterschiedlichem Mittelwert und unterschiedlicher Streuung miteinander verglichen werden, bietet sich nach ([28, S. 81]) der empirische Variationskoeffizient v an:

$$v = \frac{s}{\bar{x}} \qquad (5.6)$$

Sind alle Werte $x_i \geq 0$ und soll der Variationskoeffizient zur besseren Interpretierbarkeit im Intervall $[0; 1]$ normiert werden, kann dies wie folgt geschehen:

$$v^* = \frac{v}{\sqrt{n-1}} \qquad (5.7)$$

Zusammenhangsmaße

Besitzen zwei Items X und Y mit den Antworten x und y mindestens Intervallskalenniveau, können die Antworten auf lineare Zusammenhänge hin untersucht werden.

Häufig legt ein Blick auf ein Streudiagramm (ein Punktdiagramm, bei dem die Verteilungen zweier verschiedener Variablen auf den Achsen eingetragen werden, Abschn. 5.4) bereits nahe, dass die beiden betrachteten Merkmale in einer statistischen Beziehung miteinander stehen. Eine Zahl zur Charakterisierung der Stärke dieser Beziehung ist der Korrelationskoeffizient. Benötigt werden zur Bestimmung dieser Beziehung die einzelnen Daten sowie ihre arithmetische Mittel $\bar{x}$ und $\bar{y}$. Zur Berechnung eignet sich bei intervallskalierten Daten der Bravais-Pearson-Produkt-Momenten-Korrelationskoeffizient r_{xy} (vgl. [42, S. 85]):

$$r_{xy} = \frac{\sum_{i=1}^{n}(x_i - \bar{x})(y_i - \bar{y})}{\sqrt{\sum_{i=1}^{n}(x_i - \bar{x})^2 \times \sum_{i=1}^{n}(y_i - \bar{y})^2}} = \frac{s_{xy}}{s_x s_y} \qquad (5.8)$$

In den gängigen Tabellenkalkulations- bzw. Statistikprogrammen ist eine Funktion zur Berechnung dieses Koeffizienten integriert, er lässt sich aber auch „per Hand" ausrechnen.

Für ordinalskalierte und/oder nicht normalverteilte Daten bietet sich der Rangkorrelationskoeffizient Spearman's ρ (gesprochen rho, s. [6, S. 178]) an. Dazu werden die Daten zunächst pro Antwortset in eine Rangreihenfolge geordnet. Kommt jeder Rang nur einmal vor, kann die Vereinfachung von Spearman's ρ verwendet werden:

$$\rho = 1 - \frac{6\sum_i d_i^2}{n(n^2 - 1)} \qquad (5.9)$$

mit

$$d_i = Rang(x_i) - Rang(y_i). \qquad (5.10)$$

Kommen Rangbindungen vor, d. h. werden Ränge mehrfach vergeben, kann diese Formel gemäß Bortz und Schuster ([6, S. 179]) nur eingesetzt werden, wenn „die Gesamtzahl aller verbundenen Ränge nur 20 % aller Rangplätze ausmacht". Andernfalls muss die folgende Gleichung verwendet werden:

$$r_s = \frac{2\left(\frac{n^3 - n}{12}\right) - T - U - \sum_{i=1}^{n} d_i^2}{2\sqrt{\left(\frac{n^3 - n}{12} - T\right)\left(\frac{n^3 - n}{12} - U\right)}} \qquad (5.11)$$

Wobei $T = \sum_{j=1}^{k(x)}\left(t_j^3 - t_j\right)/12$; $U = \sum_{j=1}^{k(y)}\left(u_j^3 - u_j\right)/12$; t_j=Anzahl der in t_j zusammengefassten Ränge in der Variablen x; u_j=Anzahl der in u_j zusammengefassten Ränge in der Variablen y sowie $k(x)$; $k(y)$ der Anzahl der verbundenen Ränge (Ranggruppen) in der Variablen $x(y)$ entspricht.

Um Korrelationen zwischen einem natürlich-dichotomen (d. h. zweistufigen, mit 0 oder 1 kodierten) Merkmal X (z. B. Geschlecht) und einem stetigen (intervall- oder ratioskalierten, z. B. Einkommen) Merkmal Y zu berechnen, wird die punktbiseriale Korrelation eingesetzt (s. a. [42, S. 94]):

$$r_{pb} = \frac{\bar{y}_1 - \bar{y}_0}{s_y}\sqrt{\frac{n_0 n_1}{n(n-1)}} \qquad (5.12)$$

n_0 und n_1 sind dabei die Anzahl der Untersuchungsobjekte in den beiden Merkmalskategorien sowie n die der Untersuchungsobjekte im Gesamtstichprobenumfang; $\bar{y}_0$ und $\bar{y}_1$ sind die arithmetischen Mittel der Merkmalsausprägungen in den beiden Gruppen; s_y ist die Standardabweichung über alle Werte y hinweg.

Scheinkorrelation

Bei der Interpretation von Korrelationen ist zu berücksichtigen, dass eine hohe Korrelation nicht unbedingt einen Ursache-Wirkungs-Zusammenhang darstellt (vgl. [31, S. 80]). Falls zwei Ereignisse zusammen beobachtet werden, bedeutet das nicht, dass das eine Ereignis notwendigerweise die Ursache des anderen ist. Selbst eine mathematisch perfekte Korrelation (Korrelationskoeffizient von 1 oder −1) kann inhaltlich völlig bedeutungslos sein (Scheinkorrelation), wenn sie von einer oder mehreren weiteren Variablen, Störvariablen oder konfundierten Variablen verursacht wird (vgl. [4, S. 740]). Aus inhaltlichen Erwägungen heraus können Wirkungshypothesen aufgestellt werden. Die wirksame Variable heißt dann „unabhängige Variable", die sich auf die andere, die „abhängige Variable" auswirkt. Dazwischen können Moderatorvariablen oder Mediatorvariablen wirksam werden. Moderatorvariablen (s. [4, S. 3]) verändern den Einfluss, den eine Variable auf die andere hat. Wenn der Einfluss einer Variablen auf eine andere nicht direkt wirksam wird, sondern vermittelt über eine dritte, so heißt diese Mediatorvariable.

Regressionsanalyse

Bei zwei oder mehr miteinander korrelativ in Verbindung stehenden Variablen ist es oft von Interesse, Wirkungsvorhersagen zwischen unabhängigen und abhängigen Variablen abzuleiten. Dazu kann eine Regressionsanalyse eingesetzt werden (s. [6, S. 183]). Beachtet werden dabei muss – ähnlich wie bei der Korrelation, die einen statistischen, nicht aber unbedingt auch einen kausalen Zusammenhang beschreibt – dass auch hier nur statistische Vorhersagen gemacht werden können, aber keine sicheren Aussagen über Ursache-Wirkungs-Zusammenhänge (vgl. [31, S. 80]). Mit der Regressionsanalyse wird versucht, eine Regressionsgerade zu konstruieren, die folgender Geradengleichung entspricht:

$$y = a + bx \qquad (5.13)$$

Wie beschrieben werden also eine abhängige (y) und eine unabhängige Variable (x) definiert. Die Berechnung des Steigungsfaktors b sowie des y-Achsenabschnitts a erfolgt durch

$$b = \frac{\sum_{i=1}^{n}(x_i - \bar{x})(y_i - \bar{y})}{\sum_{i=1}^{n}(x_i - \bar{x})^2} \qquad (5.14)$$

$$a = \bar{y} - b\bar{x} \qquad (5.15)$$

Aus der Steigung b und den Standardabweichungen der Variablen x und y lässt sich auch der schon bekannte Korrelationskoeffizient r_{xy} bestimmen (vgl. Abschn. 5.14):

$$r_{xy} = b \frac{s_x}{s_y} \qquad (5.16)$$

Diese Angaben sind nur dann sinnvoll zu interpretieren, wenn ein linearer Zusammenhang vorliegt. Ist der Zusammenhang anders geformt, z. B. polynomial oder exponentiell, sollten nichtlineare Korrelations- bzw. Regressionsanalysen vorgenommen werden. Die Darstellung des Vorgehens würde den Rahmen dieses Essentials sprengen und bleibt der Fachliteratur überlassen (vgl. [6, S. 198]).

Statistische Signifikanz und praktische Relevanz
Die im Rahmen der Befragung ermittelten Ergebnisse sollen möglichst zuverlässig sein. Mittelwertunterschiede zwischen verschiedenen Gruppen sollten also überzufällig zustande gekommen sein. Eine Abschätzung, inwieweit die Ergebnisse auch durch Zufall zustande gekommen sein können bieten Signifikanztests (s. [6, S. 112 f.]). Kann ein Zufallseinfluss mit großer Wahrscheinlichkeit ausgeschlossen werden, spricht man von statistischer Signifikanz der Ergebnisse. Die Signifikanzprüfung wird in der Praxis meist den einschlägigen Statistikprogrammen überlassen. Diese geben meist einen p-Wert aus, der unterhalb eines zuvor festgelegten akzeptierten Signifikanzniveaus liegen sollte. Üblicherweise legt man dieses Niveau auf 5 % (in Berichten meist mit einem Sternchen * gekennzeichnet), 1 % (zwei Sternchen **) oder 0,1 % (drei Sternchen ***) fest (vgl. [4, S. 740]). Nachweislich statistisch signifikante Gruppenunterschiede sollen in ihrer Ausprägung auf inhaltliche und praktische Relevanz geprüft werden.

Was Sie aus diesem Essential mitnehmen können

- Aussagekräftige Fragebögen unterscheiden sich von „Bögen mit Fragen" durch eine systematische Entwicklung, Durchführung und Auswertung.
- Bei der Konstruktion, der Anwendung und der Ergebnisauswertung sollten einige Erkenntnisse aus der Kognitionsforschung, der Kommunikationspsychologie und der Statistik beachtet werden, um Fehlerquellen und Hindernisse frühzeitig zu vermeiden und stattdessen zu aussagekräftigen Ergebnissen zu kommen.

© Springer Fachmedien Wiesbaden 2016
S. Hollenberg, *Fragebögen,* essentials, DOI 10.1007/978-3-658-12967-5

Quellen und weiterführende Literatur

1. Atteslander, P. (2010). *Methoden der empirischen Sozialforschung* (13. Aufl.). Berlin: Erich Schmidt.
2. Baur, N., & Blasius, J. (2014). *Handbuch Methoden der Empirischen Sozialforschung.* Wiesbaden: Springer VS.
3. Bogner, A., Littig, B., & Menz, W. (2014). *Interviews mit Experten. Eine praxisorientierte Einführung.* Wiesbaden: Springer VS.
4. Bortz, J., & Döring, N. (2006). *Forschungsmethoden und Evaluation für Human- und Sozialwissenschaftler* (4 Aufl.). Berlin: Springer Medizin.
5. Bortz, J., & Lienert, G. A. (2008). *Kurzgefaßte Statistik für die Klinische Forschung. Ein praktischer Leitfaden für die Analyse kleiner Stichproben* (3. Aufl.). Berlin: Springer.
6. Bortz, J., & Schuster, C. (2010). *Statistik für Human- und Sozialwissenschaftler* (7. Aufl.). Berlin: Springer.
7. Bühner, M. (2010). *Einführung in die Test- und Fragebogenkonstruktion* (3. Aufl.). München: Pearson Studium.
8. Christophersen, T., & Grape, C. (2009). Die Erfassung latenter Konstrukte mit Hilfe formativer und reflektiver Messmodelle. In S. Albers, D. Klapper, U. Konradt, A. Walter, & J. Wolf (Hrsg.), *Methodik empirischer Forschung* (S. 103–118). Wiesbaden: Springer Fachmedien.
9. Diekmann, A. (2010). *Empirische Sozialforschung. Grundlagen Methoden Anwendungen.* Reinbek: Rowohlt.
10. Engel, U., & Schmidt, B. O. (2014). Unit- und Item-Nonresponse. In N. Baur & J. Blasius (Hrsg.), *Handbuch Methoden der empirischen Sozialforschung* (S. 331–348). Wiesbaden: Springer VS.
11. Faulbaum, F. (2014). Total survey error. In N. Baur & J. Blasius (Hrsg.), *Handbuch Methoden der empirischen Sozialforschung* (S. 439–456). Wiesbaden: Springer VS.
12. Franzen, A. (2014). Antwortskalen in standardisierten Befragungen. In N. Baur & J. Blasius (Hrsg.), *Handbuch Methoden der empirischen Sozialforschung* (S. 701–711). Wiesbaden: Springer VS.
13. Friedrichs, J. (2014). Forschungsethik. In N. Baur & J. Blasius (Hrsg.), *Handbuch Methoden der empirischen Sozialforschung* (S. 81–91). Wiesbaden: Springer VS.
14. Glantz, A., & Michael, T. (2014). Interviewereffekte. In N. Baur & J. Blasius (Hrsg.), *Handbuch Methoden der empirischen Sozialforschung* (S. 313–322). Wiesbaden: Springer VS.

© Springer Fachmedien Wiesbaden 2016
S. Hollenberg, *Fragebögen,* essentials, DOI 10.1007/978-3-658-12967-5

15. Graebig, M., Jennerich-Wünsche, A., & Engel, E. (2011). *Wie aus Ideen Präsentationen werden*. Wiesbaden: Gabler.
16. Greving, B. (2009). Messen und Skalieren von Sachverhalten. In S. Albers, D. Klapper, U. Konradt, A. Walter, & J. Wolf (Hrsg.), *Methodik empirischer Forschung* (S. 65–78). Wiesbaden: Springer Fachmedien.
17. Göthlich, S. E. (2009). Zum Umgang mit fehlenden Daten in großzahligen empirischen Erhebungen. In S. Albers, D. Klapper, U. Konradt, A. Walter, & J. Wolf (Hrsg.), *Methodik empirischer Forschung* (S. 119–136). Wiesbaden: Springer Fachmedien.
18. Häder, M. (2015). *Empirische Sozialforschung – Eine Einführung* (3. Aufl.). Wiesbaden: Springer VS.
19. Häder, M., & Häder, S. (2014). Stichprobenziehung in der quantitativen Sozialforschung. In N. Baur & J. Blasius (Hrsg.), *Handbuch Methoden der empirischen Sozialforschung* (S. 283–297). Wiesbaden: Springer VS.
20. Hartig, J., Frey, A., & Jude, N. (2012). Validität. In H. Moosbrugger & A. Kelava (Hrsg.), *Testtheorie und Fragbogenkonstruktion*. Berlin: Springer Medizin.
21. Himme, A. (2009). Gütekriterien der Messung: Reliabilität, Validität und Repräsentativität. In S. Albers, D. Klapper, U. Konradt, A. Walter, & J. Wolf (Hrsg.), *Methodik empirischer Forschung* (S. 485–500). Wiesbaden: Springer Fachmedien.
22. Hlawatsch, A., & Krickl, T. (2014). Einstellungen zu Befragungen. In N. Baur & J. Blasius (Hrsg.), *Handbuch Methoden der empirischen Sozialforschung* (S. 305–311). Wiesbaden: Springer VS.
23. Hoffmann, J., & Engelkamp, J. (2013). *Lern- und Gedächtnispsychologie*. Berlin: Springer Medizin.
24. Kallus, K. W. (2010). *Erstellung von Fragbogen*. Wien: Facultas wuv utb.
25. Kauermann, G., & Küchenhoff, H. (2011). *Stichproben. Methoden und praktische Umsetzung mit R*. Berlin: Springer.
26. Kirchhoff, S., Kuhnt, S., Lipp, P., & Schlawin, S. (2010). *Der Fragebogen. Datenbasis, Konstruktion und Auswertung* (5. Aufl.). Wiesbaden: Springer Fachmedien.
27. Klöckner, J., & Friedrichs, J. (2014). Gesamtgestaltung des Fragebogens. In N. Baur & J. Blasius (Hrsg.), *Handbuch Methoden der empirischen Sozialforschung* (S. 675–685). Wiesbaden: Springer VS.
28. Kohn, W. (2004). *Statistik: Datenanalyse und Wahrscheinlichkeitsrechnung*. Berlin: Springer.
29. Krämer, W. (2013). *So lügt man mit Statistik* (4. Aufl.). München: Piper.
30. Krebs, D., & Menold, N. (2014). Gütekriterien quantitativer Sozialforschung. In N. Baur & J. Blasius (Hrsg.), *Handbuch Methoden der empirischen Sozialforschung* (S. 425–438). Wiesbaden: Springer VS.
31. Kromrey, H. (2009). *Empirische Sozialforschung*. Stuttgart: Lucius & Lucius.
32. Lück, D., & Landrock, U. (2014). Datenaufbereitung und Datenbereinigung in der quantitativen Sozialforschung. In N. Baur & J. Blasius (Hrsg.), *Handbuch Methoden der empirischen Sozialforschung* (S. 397–410). Wiesbaden: Springer VS.
33. Mayer, H. O. (2013). *Interview und schriftliche Befragung. Grundlagen und Methoden empirischer Sozialforschung* (6. Aufl.). München: Oldenbourg.
34. Moosbrugger, H., & Kelava, A. (2012). *Testtheorie und Fragebogenkonstruktion* (2. Aufl.). Berlin: Springer.
35. Mummendey, H. D., & Grau, I. (2014). *Die Fragebogenmethode* (6. Aufl.). Göttingen: Hogrefe.

36. Opp, K.-D. (2005). *Methodologie der Sozialwissenschaften* (6. Aufl.). Wiesbaden: Springer VS.
37. Petersen, T. (2014). *Der Fragebogen in der Sozialforschung*. Stuttgart: UTB.
38. Porst, R. (2014). *Fragebogen. Ein Arbeitsbuch* (4. Aufl.). Wiesbaden: Springer VS.
39. Porst, R. (2014). Frageformulierung. In N. Baur & J. Blasius (Hrsg.), *Handbuch Methoden der empirischen Sozialforschung* (S. 687–699). Wiesbaden: Springer VS.
40. Raab-Steiner, E., & Benesch, M. (2012). *Der Fragebogen. Von der Forschungsidee zur SPSS-Auswertung* (3. Aufl.). Wien: Facultas wuv utb.
41. Raithel, J. (2012). *Quantitative Forschung. Ein Praxisbuch* (2. Aufl.). Wiesbaden: VS Verlag für Sozialwissenschaften.
42. Rasch, B., Friese, M., Hofmann, W., & Naumann, E. (2014). *Quantitative Methoden 1 – Einführung in die Statistik für Psychologen und Sozialwissenschaftler*. Berlin: Springer.
43. Reuband, K. (2014). Schriftlich-postalische Befragung. In N. Baur & J. Blasius (Hrsg.), *Handbuch Methoden der empirischen Sozialforschung* (S. 643–660). Wiesbaden: Springer VS.
44. Schermelleh-Engel, K., & Werner, C. S. (2012). Methoden der Reliabilitätsbestimmung. In H. Moosbrugger & A. Kelava (Hrsg.), *Testtheorie und Fragebogenkonstruktion*. Berlin: Springer Medizin.
45. Schnell, R., Hill, P., & Esser, E. (2011). *Methoden der empirischen Sozialforschung* (9. Aufl.). München: Oldenbourg.
46. Schnell, R. (2012). *Survey-Interviews. Methoden Standardisierter Befragungen*. Wiesbaden: Springer VS.
47. Stein, P. (2014). Forschungsdesigns für die quantitative Sozialforschung. In N. Baur & J. Blasius (Hrsg.), *Handbuch Methoden der empirischen Sozialforschung* (S. 135–151). Wiesbaden: Springer VS.
48. Wastian, M., Braumantel, I., & von Rosenstiel, L. (2012). *Angewandte Psychologie für das Projektmanagement* (2. Aufl.). Heidelberg: Springer Medizin.
49. Weichbold, M. (2014). Pretest. In N. Baur & J. Blasius (Hrsg.), *Handbuch Methoden der empirischen Sozialforschung* (S. 299–304). Wiesbaden: Springer VS.
50. Züll, C., & Menold, N. (2014). Offene Fragen. In N. Baur & J. Blasius (Hrsg.), *Handbuch Methoden der empirischen Sozialforschung* (S. 713–719). Wiesbaden: Springer VS.

Printed by Printforce, the Netherlands